Kerstin Haller und Tobias Wolff

Reise durch das Universum!

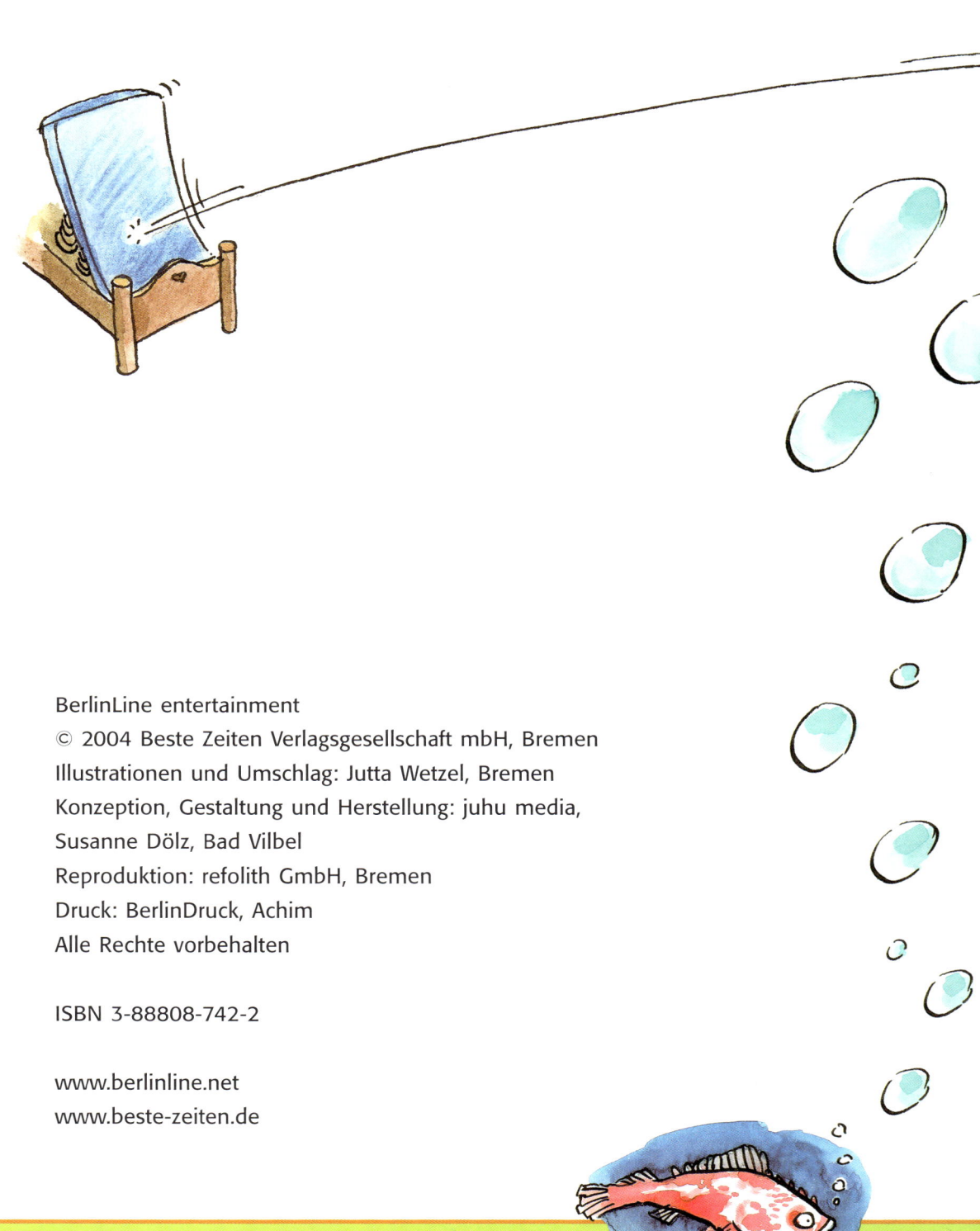

BerlinLine entertainment
© 2004 Beste Zeiten Verlagsgesellschaft mbH, Bremen
Illustrationen und Umschlag: Jutta Wetzel, Bremen
Konzeption, Gestaltung und Herstellung: juhu media,
Susanne Dölz, Bad Vilbel
Reproduktion: refolith GmbH, Bremen
Druck: BerlinDruck, Achim
Alle Rechte vorbehalten

ISBN 3-88808-742-2

www.berlinline.net
www.beste-zeiten.de

Vorwort

„Wie sieht es im Inneren der Erde aus? Wieso gibt es Angst? Was war der Urknall?" Jedes Kind, ob groß oder klein, hat tausend Fragen!

Dieses Buch fordert alle Kinder auf, immer neugierig zu bleiben und den Dingen auf den Grund zu gehen. Eure vielen Fragen bilden auch den Ausgangspunkt für die Mitmach-Ausstellung im Universum® Science Center Bremen. Hier gibt es drei Fantasiekontinente, bei denen der Mensch im Mittelpunkt zwischen Himmel und Erde steht. Große und kleine Menschen sind eingeladen, die Welt und ihre Geheimnisse selbst zu untersuchen und eigene Antworten zu finden. Die beiden Abenteurer Lena und Paul nehmen diese Aufforderung wörtlich und machen sich zu jedem Kontinent auf die Reise. Wollt ihr sie auf ihren Expeditionen begleiten?

Dann lest los. Wenn ihr was genau wissen wollt, könnt ihr in den Info-Boxen nachsehen. In den Mitmach-Boxen werden kleine Versuche beschrieben. Zeigt eure Experimente doch euren Eltern, Tanten, Opas, Freunden, Nachbarn und Mitschülern! Gemeinsam macht es nämlich noch mehr Spaß, die Welt zu erforschen.

Es grüßen euch aus dem Universum

Kerstin & Tobias

Das sind Lena und Paul

LENA mag Marzipan und kann Käse nicht ausstehen, weil er immer so nach Kuh und Schaf schmeckt. Ihre Lieblingstiere sind nämlich Kamele. Die lieben wie sie die Wüste: heiß, trocken, viel Sand und immer Sonne. Lena liegt die Sonne so sehr am Herzen, dass sie schon ganz viel darüber gelesen hat. Einmal durfte Lena sogar bei dem Freund ihres Vaters mit einem Spezialgerät die Sonne beobachten. Das war spannend. Leider ist so ein Spezialgerät sehr teuer. Dafür hat ihr der Freund des Vaters eine Lupe geschenkt, mit der sie kleine Dinge ganz genau betrachten kann, zum Beispiel Sandkörner. Die schaut Lena sich immer an der Nordsee an. Nordsee! Fischbrötchen! Dafür könnte sie glatt sterben!

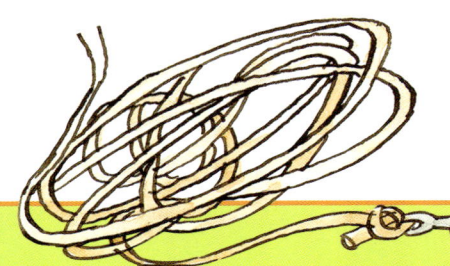

PAUL kennt viele Worte für Hunger und liebt Lakritz. Die lässt er sich ganz langsam auf der Zunge zergehen. Überhaupt streckt er die Zunge gern heraus, wenn er geärgert wird, und er ärgert sich viel. Zum Beispiel darüber, dass er noch nie in der Antarktis war. Obwohl ihn doch die Antarktis so fasziniert. Irgendwann einmal will er dort mit einem Forschungsschiff Pinguine beobachten. Aber nur im Südsommer, wenn es bei uns in Deutschland nur regnet und schneit. Dann scheint dort rund um die Uhr die Sonne und es ist nie dunkel. Denn bei Dunkelheit bekommt es Paul immer schnell mit der Angst zu tun. Diese blöde Eigenschaft hat er garantiert von seinem Vater geerbt. Da ist sich Paul sicher.

Wie du siehst, haben Lena und Paul eigentlich wenig gemeinsam. Aber beide sind extrem neugierig und wollen wissen, woher die Dinge kommen und wie sie funktionieren. Sie zerbrechen sich über alles Mögliche die Köpfe. Um diese Rätsel zu lösen, begeben sich Lena und Paul auf drei Expeditionsreisen zu den Geheimnissen von Erde, Mensch und Kosmos. Und wir können sie auf diesen Reisen begleiten!

Lena und Paul

Die Expedition ERDE führt Lena und Paul vom Mittelpunkt der Erde durch die verschiedenen Schalen und Schichten an die Erdoberfläche. Auf dieser Forschungsreise lernen sie die Geheimnisse der Erde kennen. Wie stellst du dir den Mittelpunkt der Erde vor? Ist er fest oder flüssig? Paul und Lena zögern nicht lange und ziehen einfach los. Um langsam durch die Erde an die Oberfläche zu reisen, nutzen sie Wärmeströme und aufsteigendes Magma. Willst du auch einen Blick in den Vulkanschlot wagen? Ganz ungefährlich ist das nicht!

Die Geheimnisse der Tiefsee erkunden Lena und Paul mit einem Forschungstauchboot und entdecken am Meeresboden eine exotische Lebensgemeinschaft. Ein langer Weg führt sie über ein Gebirge zurück nach Hause. Am Ende ihrer Reise begegnen Lena und Paul sogar noch einem Tornado. Bist du bereit für die Expedition Erde?

Expedition ERDE

Lena und Paul auf der Expedition ERDE

Im Inneren der Erde

Der Mittelpunkt der Erde liegt 6370 km tief, gerade mal so weit weg wie von Bremen nach New York. Wir Menschen haben jedoch auch mit größtem technischen Aufwand erst ein 12 km tiefes Loch in die Erde gebohrt. Das war auf der Halbinsel Kola in Russland. Unten im Loch ist es 300 °C heiß und selbst das Gestein beginnt schon, sich zu verformen. Im Erdmittelpunkt herrschen sage und schreibe 4400 °C und ein Druck von 3,6 Millionen Bar. Das entspricht ungefähr dem Gewicht von 3600 Autos auf einem Quadratzentimeter! Unvorstellbar, oder?

Ein Planet entsteht

Hast du dir schon mal überlegt, wie eigentlich die Erde entstanden ist? Schon immer haben sich die Menschen darüber den Kopf zerbrochen. Die einen dachten, die Erde wäre aus Wasser entstanden. Andere meinten, sie käme aus dem Feuer. Und wieder andere sagten, sie hätte sich aus Staub zusammengesetzt. Das behaupten auch heute noch die Wissenschaftler. Aus einer riesigen Staubwolke hätten sich zuerst kleine Krümel und später immer dickere Brocken gebildet. Wie ein kosmischer Staubsauger hätte die Erde alles aufgesogen und wurde immer größer und größer. Nach Meinung der Wissenschaftler wäre dann am Mittelpunkt der Erde weder Wasser noch Feuer, sondern fast nur Eisen. Ob das wohl stimmt? Lena und Paul haben sich aufgemacht, um nachzusehen.

Erdentstehung

Im Innern der Erde

„Puh, ist es hier heiß!"
„Und so eng!"
Lena und Paul schauen sich um. Überall nur Eisen. Eisen links, Eisen rechts, Eisen vorne, Eisen hinten, Eisen unten, Eisen oben. Hier im Mittelpunkt der Erde, im Erdkern, ist fast alles Eisen. Aha, da haben die Wissenschaftler doch Recht gehabt, obwohl hier noch nie jemand war. Der Druck ist hier so hoch, dass er alles zerquetschen würde, was lebt. Und die Hitze ließe sogar Eisen schmelzen, wenn der hohe Druck nicht wäre.

„Wieso ist hier eigentlich nur dieses blöde Eisen?", fragt Lena. „An der Erdoberfläche gibt es doch auch alle möglichen, verschiedenen Stoffe!" „Na, ich glaube, weil hier der Drehmotor der Erde ist. Und Motoren sind bekanntlich aus Eisen", behauptet Paul. „Ich sehe aber gar keine Zahnräder", bemerkt Lena. Womit sie gar nicht so Unrecht hat.

Minimagnet Erde

Das muss man haben

Eisenspäne, einen Tischtennisball, ein Stück Karton, einen länglichen Magneten, ein scharfes Messer

Das muss man tun

Erst muss der Tischtennisball mit dem Messer in zwei Hälften geteilt werden. Eine Hälfte wird auf den Karton gelegt und mit Eisenspänen bestreut. Nun den Karton vorsichtig hochheben und so auf den Magneten legen, dass sich die Kugelhälfte genau über dem Magneten befindet.

Das kann man beobachten

Das Magnetfeld der Erde entspricht ungefähr dem eines Stabmagneten. Die Eisenspäne richten sich, wie kleine Kompasse, im Magnetfeld aus und machen das Feld so sichtbar. Der Tischtennisball steht dabei für die Erde. Am Nordpol und am Südpol treffen die Magnetfeldlinien direkt auf die Erde. Am Äquator, in der Mitte des Tischtennisballs, liegen die Linien dagegen wie Schalen um die Erde.

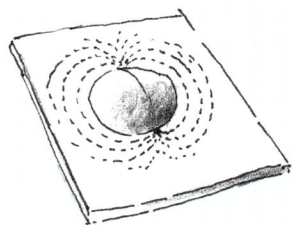

Als die Erde noch ganz jung war, waren alle Stoffe gleichmäßig im Erdball verteilt und alles war glutflüssig. Seitdem ist aber eine sehr lange Zeit vergangen, und in der haben sich die Stoffe getrennt. Ursache dafür war die Schwerkraft. Diese Kraft kennst du: Wenn du hüpfst, holt sie dich auf den Erdboden

zurück. Deshalb wird sie auch Erdanziehungskraft genannt. Je schwerer ein Stoff ist, desto besser sinkt er in einer Flüssigkeit. Und so war das auch mit dem Eisen. Das schwere Eisen hat das Wettrennen zum Erdmittelpunkt gewonnen.

„Das ist so wie bei der Gemüsesuppe", sagt Paul. „Da sinken die dicken, leckeren Stücke auch immer nach unten." „Und die Petersilie schwimmt oben", bemerkt Lena. „Beim Gedanken an eine leckere Suppe bekomme ich richtig Hunger, und zu heiß ist es hier auch." „Komm, lass uns losgehen", drängelt Lena.

Innerer Erdkern

Die Erde – ein riesiger Magnet

Der innere Erdkern besteht hauptsächlich aus festem Eisen und etwas Nickel. Trotz der hohen Temperatur ist das Eisen dort nicht flüssig, weil der Druck so hoch ist, dass es nicht schmelzen kann. Im äußeren Erdkern ist es fast genauso heiß, aber der Druck ist geringer und deshalb ist das Eisen dort flüssig.
Wegen der Erdrotation kommt das flüssige Eisen in Bewegung, und zwar in spiralförmigen Strömungen. Die sind verantwortlich für das Magnetfeld der Erde. Wir Menschen können das Magnetfeld nicht spüren, wir nutzen es aber zum Beispiel mit Hilfe von Kompassen, um uns auf der Erde zu orientieren.

Langsam klettern sie im inneren Erdkern nach oben. Paul voran, Lena hinterher. Nach einiger Zeit gelangen sie an eine Grenzschicht, und als sie den Kopf hindurchstecken, ist plötzlich alles in Bewegung. Das Eisen ist zwar noch da, aber es ist flüssig.

„Iihh, hier ist alles so glibbschig", ruft Lena. „Und immer noch genauso heiß!" „Und es fließt und fließt und fließt mit großer Geschwindigkeit um den inneren Erdkern. Das ist ja fast wie bei der Achterbahn!" Als Paul in den äußeren Erdkern geklettert ist, haut

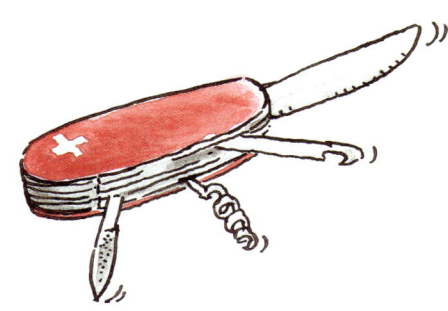

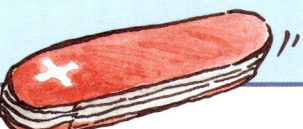

es ihn fast auf den Hosenboden. Sein Taschenmesser in der Hosentasche flitzt von links nach rechts und zerrt ihn hin und her. Lena lacht auf. „Was für ein Tanz ist das denn?" „Ich glaube, hier muss es einen großen Magneten geben, der mein Taschenmesser in Bewegung versetzt", bemerkt Paul. „Ist ja auch logisch, weil das Taschenmesser aus Eisen besteht", findet Lena. „Guck mal, mein Kompass spielt auch verrückt. Ein klarer Hinweis auf wechselnde Magnetfelder", meint Paul ganz Sherlock-Holmes-mäßig.

Äußerer Erdkern

Lena und Paul lassen sich mit dem flüssigen Eisen treiben. Auf spiralförmigem Weg geht es immer weiter nach oben bis zum Ende des Erdkerns. Dieses strömende Eisen ist auch verantwortlich für die Entstehung des Erdmagnetfeldes. „Mir ist ganz schwindelig", klagt Paul, als sie oben ankommen. „Ich komme mir echt vor wie auf der Kirmes!" Plötzlich ist das flüssige Eisen zu Ende und Lena und Paul sind von olivgrünem Gestein umgeben. Heiß ist es hier immer noch, aber nicht ganz so schlimm wie vorher.

Erdmantel

„Wo sind wir?", fragt Lena. „Ich glaube, im Erdmantel, weil der auch so grün ist wie mein Parka", meint Paul. „Ach Quatsch, bestimmt lassen Druck und Temperatur hier grüne Mineralien entstehen", weiß Lena.

Der Erdmantel ist die dickste Schicht der Erde. Sie misst fast 3000 Kilometer von unten bis oben. Sie ist zwar aus Stein, aber dennoch ständig in Bewegung. Ganz langsam bewegen sich Teile des Erdmantels in verschiedene Richtungen. Manchmal nach unten, manchmal zur Seite, manchmal nach oben. Wenn Material nach oben transportiert wird, dann kann es sein, dass es aufschmilzt und flüssig wird.

„Das ist doch unlogisch", findet Paul, „außen wird es doch immer kälter!"

Tatsächlich behält das aufsteigende Gestein nämlich sehr lange seine Temperatur. Weil aber gleichzeitig immer weniger Erdschichten auf ihm lasten, schmilzt es auf und wird zu Magma.

Erdmantel

„Das merk ich mir", sagt Lena, „dann kann ich ja doch keinen olivfarbenen Stein mit nach oben nehmen. Sonst schmilzt der mir in der Tasche." „Aber wir können ja den warmen Strom ausnutzen und mit ihm nach oben treiben", findet Paul. „Dann kommen wir nämlich genau an der Grenze zwischen zwei Platten an der Erdoberfläche heraus."

Heisse Ströme

Zwischen der Temperatur im Erdinnern und an der Oberfläche herrschen große Unterschiede. Die Natur versucht immer, solche Wärmeunterschiede auszugleichen. Wie in einem Topf Milch auf dem Herd steigt dabei heißes Material auf, bewegt sich oben zur Seite, kühlt ab und versinkt wieder in der Tiefe. Dann beginnt der Kreislauf von vorn. Man nennt ihn Konvektion. An der Erdoberfläche sorgt die Konvektion dafür, dass die Erdplatten sich bewegen. An einigen Stellen bewegen sie sich auseinander, woanders aufeinander zu oder sie rutschen aneinander vorbei. An diesen Plattengrenzen gibt es viele Vulkane und Erdbeben.

„Ich wollte immer schon mal an einen Ort, wo es Vulkane und Erdbeben gibt", meint Paul. „Häh, was erzählst du da, Paul? Was für Platten sollen das sein? Und was haben die mit Erdbeben und Vulkanen zu tun?"
Doch diesmal hat Paul Recht. Angetrieben von den warmen Strömungen wird die oberste Schicht der Erde bewegt.

Vulkane

Die oberste Schicht ist keine geschlossene Decke, sondern setzt sich aus verschiedenen Platten zusammen, ähnlich wie Eisschollen auf dem Meer. „Aah, oder wie ein Puzzle", sagt Lena. Diese Platten sind ständig in Bewegung. Stoßen sie aneinander, dann knautschen sie sich zusammen und es entstehen Berge.

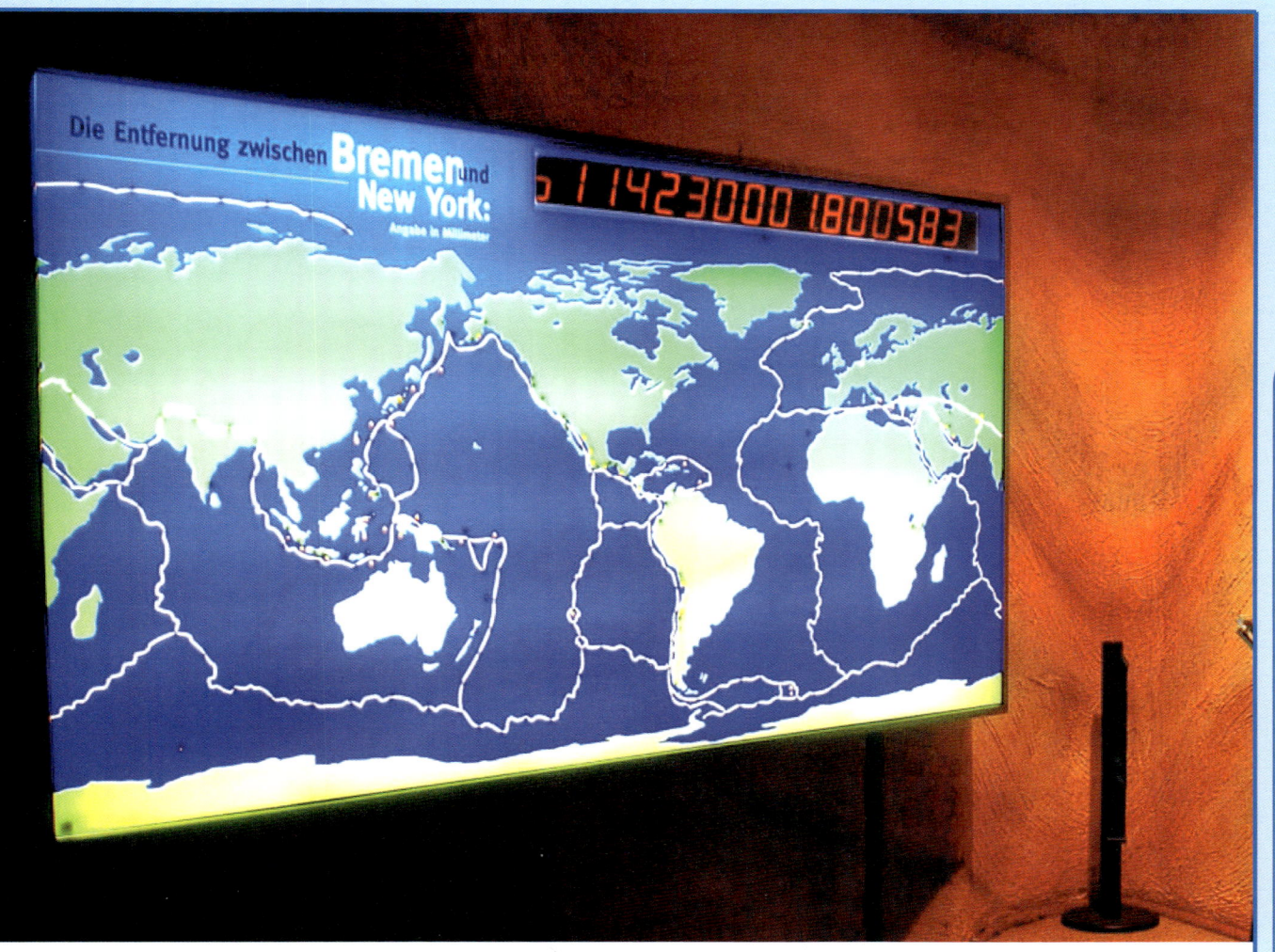

V u l k a n e

„Aah, wie bei dem blöden Teppich, über den ich immer stolpere." An anderer Stelle verhaken sie sich, bis sie auf einmal mit einem Ruck aneinander vorbei rutschen. „Aah, wie an der Schultafel, wenn die Kreide nicht richtig schreibt und mit einem Quietsch weiterspringt", bemerkt Lena. „Iih, hör auf, wenn ich

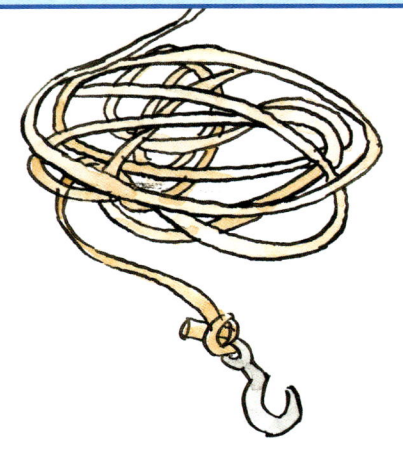

nur an diesen Ton denke, kriege ich schon eine Gänsehaut!", ruft Paul. An der Stelle, wo die Platten auseinanderdriften, kommt das flüssige Gestein, das Magma, von unten an die Oberfläche und lässt Vulkane entstehen. „Aah, und da wird dann das Magma zu Lava, weil man das flüssige Gestein an der Erdoberfläche so nennt", bemerkt Lena. „Besserwisserin!", sagt Paul. „Wer hat sich denn hier als Experte für Plattentektonik aufgespielt?", kontert Lena. „Ja", sagt Paul stolz, „bin ich ja auch. Und genau an so einem Vulkan werden wir herauskommen, wenn wir jetzt endlich, endlich mal den warmen Strom nach oben nutzen."

Der Vulkan Mount Rainier

Auf dem Bild siehst du den Mount Rainier. Er liegt in Amerika, an der Westküste der USA. Dort gibt es viele Vulkane. Der Mount Rainier ist sehr explosiv, weil seine Lava sehr zäh ist.

Vulkane mit ganz dünnflüssiger Lava sind nicht so gefährlich, weil sie nicht explodieren. Der letzte große Ausbruch des Mount Rainier liegt jedoch schon 2200 Jahre zurück. Der Nachbarberg vom Mount Rainier ist der Mount St. Helens. Er flog 1980 in einer riesigen Explosion auseinander und verwüstete dabei einen ganzen Landstrich.

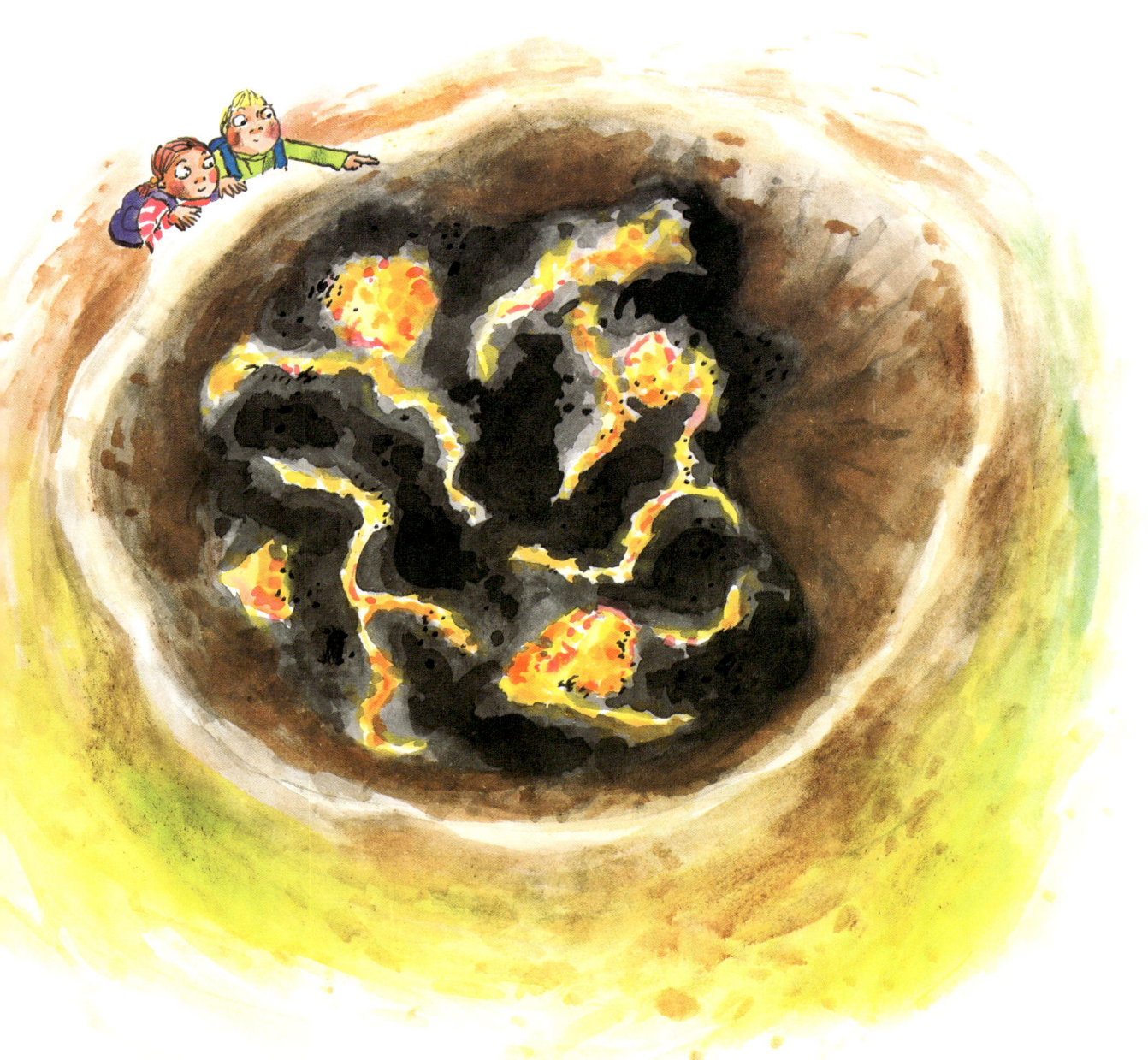

Vulkane

Paul und Lena klettern oben aus dem Vulkan. Sie schauen noch einmal zurück in die Gluthölle und

Backpulver Vulkan

Das muss man haben
Sandkasten, kleines Becherglas, großes Glas, 1 Päckchen Backpulver, Essig, Wasser, Spüli, orange Lebensmittelfarbe

Das muss man tun
Zunächst musst du aus Sand einen Vulkan auftürmen. Forme eine Mulde, in die das Becherglas hineinpasst. Schütte nun das Backpulver in das Becherglas. Als nächstes musst du im großen Glas einige Esslöffel Essig mit der gleichen Menge Wasser vermischen. Gib einige Tropfen Spüli dazu und etwas Lebensmittelfarbe. Nun kannst du die Mischung langsam in den Vulkan schütten.

Das kann man beobachten
Das „Magma" in deinem Vulkan fängt an zu schäumen, weil in deiner Mischung Gase entstehen. Das ist auch bei echten Vulkanen so. Diese Gase treiben das heiße Magma zusätzlich nach oben, sodass Lava nicht nur am Vulkan herunterfließt, sondern auch durch die Luft fliegt. Außerdem erzeugt das Gas Hohlräume wie beim Bimsstein.

beobachten die brodelnde Masse. „Das erinnert mich irgendwie an Griesbrei. Der schlägt auf dem Herd auch solche Blasen und spritzt die Küche voll", bemerkt Paul. Tatsächlich katapultieren Vulkane ihre Steine zum Teil kilometerweit. Je kleiner die Steine sind, desto weiter fliegen sie. Feiner Staub wird mit den Winden sogar um die ganze Erde getragen.

„Komm, lass uns lieber abhauen, bevor der Vulkan wieder ausbricht", schlägt Paul vor. „Einverstanden, hier geht's runter!", ruft Lena und springt in einen steilen Schuttfächer. Knirschend gleiten die beiden auf dem vulkanischen Gesteinsschutt nach unten.

„Guck mal, da drüben fließt ein Lavastrom aus dem Vulkankegel herab", bemerkt Paul. „Ja, und dort unten wird der immer langsamer, bis er schließlich ganz stecken bleibt." Unten angekommen, nähern sich Lena und Paul dem erstarrten Lavastrom. „Guck mal, das sieht fast aus wie ein frisch gepflügter Acker", sagt Lena und streckt ihre Hand nach der vermeintlichen Erde aus. Und schon ist es passiert:

Vulkane

Vulkane – Ständig entstehen Steine

Vulkane sind eine Art Steinfabrik. Aus glutflüssiger Lava entstehen hier unterschiedliche Gesteine. Die Lava war früher schon einmal ein festes Gestein, das aber auf seinem Weg aus der Tiefe zur Erdoberfläche aufgeschmolzen ist. Im Erdinneren nennt man aufgeschmolzenes Gestein Magma. Wenn dieses Magma dann in der oberen Erdkruste stecken bleibt, kühlt es ab und erstarrt. Dies passiert auch, wenn es bis an die Erdoberfläche gelangt und als Lava an Vulkanen austritt. Dabei entstehen verschiedene Kristalle, ähnlich wie Eiskristalle beim Gefrieren von Wasser.

eine kleine Schnittwunde an Lenas Hand. „Aua!", schreit sie. „Ist es noch heiß?", fragt Paul. „Hast du dich verbrannt?" „Nein, ich habe mich geschnitten. Diese Lava ist nämlich verdammt scharfkantig!" Kein Wunder, denn Lena hat hier einen Strom mit Aa-Lava angefasst. Diese Form von Lava heißt so, weil man sich die Füße zerschneiden würde, wenn man darüber barfuss liefe, und dabei „Ah, ah, ah" schreien müsste.

Vulkane

Paul holt ein Pflaster aus seinem Rucksack und verarztet Lenas Hand, sodass beide ihre Reise fortsetzen können.

Aa und Pahoehoe

Lava erstarrt auf unterschiedliche Weisen. Je nach Oberfläche haben die Einwohner von Hawaii ihr unterschiedliche Namen gegeben. Aa-Lava ist gezackt und besteht aus vielen Blöcken. Über sie kann man nicht barfuß laufen, weil man sich die Füße zerschneiden und ständig „Ah, ah" rufen müsste. Pahoehoe-Lava ist glatt und bildet Fladen und Strukturen, die wie Stricke aussehen. Deshalb bedeutet Pahoehoe auch soviel wie: „Worüber man mit Füßen gehen kann."

Ein kurzes Stück weiter gelangen die beiden ans Meer. „Eigentlich komisch", bemerkt Lena, „ich dachte, 70 % der Erde sind von Wasser bedeckt. Und wir sind zufällig hier auf dieser Insel herausgekommen. Was hätten wir wohl erlebt, wenn wir im Ozean angekommen wären?" „Das können wir ja noch nachholen", meint Paul. „Schau mal, da vorne ist ein Meeresforschungsinstitut. Die haben bestimmt ein Tiefseetauchboot!"

Tauchgang

An der Erdoberfläche

Lena und Paul klettern in das Tauchboot. Die Stimme des Expeditionsleiters fordert sie auf, Platz zu nehmen, alle Luken zu schließen und sich nur wenig zu bewegen, damit der Sauerstoff möglichst

lange reicht. Schon bald haben sie die Wasseroberfläche verlassen und sehen Delfine an den Bullaugen des Bootes vorbeiziehen. Lena ist fasziniert von den Tieren und der Farbe des Wassers. „So ein Blau habe ich noch nie gesehen! Wahnsinn!" „Oh, guck mal, jetzt wird es ja schon dunkel", sagt Paul. Tatsächlich nimmt die Helligkeit unter Wasser schnell ab. Bereits nach 100 bis 200 Metern ist es stockfinster. Wissenschaftler nennen diese obere, lichtdurchflutete Meeresschicht photische Zone. „Photisch? Was ist das schon wieder für ein komisches Wort? Warum denken sich Wissenschaftler immer diese Worte aus?", wundert sich Lena. „Das ist bestimmt, damit kein anderer sie versteht und sie sich wichtig vorkommen", vermutet Paul.

Tauchgang

Photische Zone

Die photische Zone im Meer umfasst die obersten 100 bis 200 Meter. Nur hierhin gelangt Sonnenlicht. Darunter ist es stockfinster. Die photische Zone ist auch die Zone mit den meisten Lebewesen, denn alle sind aufgrund der Nahrungskette vom Licht abhängig. Nahrungskette bedeutet, dass alle Tiere im Meer von kleineren Tieren oder Pflanzen leben. Auf diese Weise sind alle von den kleinsten Pflanzen im Meer, dem Phytoplankton, abhängig. Dieses braucht Licht und kommt deshalb nur in der obersten Zone vor. Hier wimmelt es an manchen Stellen nur so vor Fischen und Pflanzen.

„Schau mal hier durchs Bullauge", ruft Lena. „Irgendjemand leuchtet mit einer Taschenlampe, oder woher kommt das Licht?" „Gibt es denn hier überhaupt noch Tiere?" „Wie orientieren sie sich in den dunklen Tiefen der Meere?" „Ja, und wie finden sie Freunde oder Futter?" Tausend Fragen schießen den beiden Kindern durch den Kopf.

Was Paul und Lena gesehen haben, sind Tiere, die ähnlich wie Glühwürmchen Licht aussenden können, um einen Partner oder Beute anzulocken. Vielleicht haben die beiden sogar einen Anglerfisch gesehen. Der ist ganz raffiniert: Am Kopf hat er einen Tentakel, der an der Spitze leuchtet. Damit lockt er kleinere Fische an, die so nichtsahnend direkt vor seinem riesigen Maul landen. Dann muss er nur noch zuschnappen.

„Das ist ja cool. Schade, dass Gummibärchen nicht auf Licht reagieren, denn dann würde ich mir eine Gummibärchenanlockangel bauen", sagt Paul.

Tauchgang

„Da ist ja schon der Meeresboden!", ruft Lena. „Das sieht ja aus wie am Nordseestrand – alles Sand." „Lass uns mit dem Greifarm mal eine Probe nehmen", schlägt Paul vor. „Ich habe sogar eine Lupe dabei", sagt Lena. „Am Nordseestrand besteht der Sand aus vielen kleinen, durchsichtigen Kristallen. Und hier?" Lena schaut durch die Lupe. „Hier sind vor allem klitzekleine Schalen wie von Schnecken. Ob die hier leben?"

In Wirklichkeit sind diese Schalen nicht von Schnecken, sondern von einzelligen Tierchen, die an der Wasseroberfläche leben und die dann, wenn sie sterben, einfach zu Boden sinken. Sie heißen Foraminiferen und mit anderen Teilchen bilden sie das Sediment, Schicht für Schicht. Allerdings kommen in 1000 Jahren oft nur zwei Zentimeter dazu. Wissenschaftler nutzen diese Foraminiferen, um das Klima der Vergangenheit zu erforschen.

Tauchgang

39

Strömungskugel

Das muss man haben
Rundes Marmeladenglas, Goldpigment, Wasser, Spüli

Das muss man tun
Gib einen halben Teelöffel Goldpigment in das Glas. Gib etwas Spüli hinzu und fülle es möglichst voll mit Wasser. Nun muss nur noch der Deckel auf das Marmeladenglas. Zur Sicherheit am besten den Deckel festkleben. Jetzt das Glas drehen und die Strömungen beobachten.

Das kann man beobachten
Strömungen sind fast nie gerade, vor allem nicht bei einer Rundform wie diesem Marmeladenglas oder auf der Erde. Nur wenn Flüssigkeiten ganz langsam fließen, sind sie gleichmäßig, sonst bilden sie schnell Wirbel. Auf der Erde kann man das im Großen auch in den Ozeanen oder in der Atmosphäre sehen. Vergleiche doch mal den Satellitenfilm im Wetterbericht mit deiner Strömungskugel.

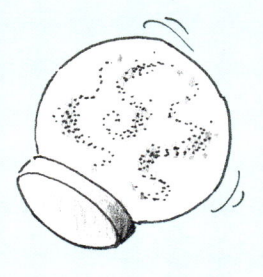

„Die Fora-, die Fora-, die Foraminiferen, erzählen uns, erzählen uns vom Klima und den Meeren", singt Paul laut vor sich hin. „Bist du jetzt unter die Komponisten gegangen?", fragt Lena etwas genervt und erwidert: „Ich sehe, ich sehe, ich seh da vorne Rauch. Siehst du ihn, siehst du ihn, siehst du ihn eigentlich auch?"

„Wow, cool, ein Schwarzer Raucher! Der sieht zwar aus wie ein Vulkan, ist aber in Wirklichkeit eine heiße Quelle am Meeresboden." „Aha, der Vulkanologe spricht wieder", sagt Lena halb beeindruckt, halb genervt. „Los komm, lass uns mal näher heranfahren", erwidert Paul. „Schau, da sind auch die weißen Krebse und roten Würmer, die an solchen Quellen leben!"
Das Besondere an dieser Lebensgemeinschaft ist, dass sie ohne Licht auskommt und die Energie nicht aus der Sonne, sondern von Schwefelbakterien erzeugt wird. Manche Wissenschaftler behaupten sogar, dass hier das Leben auf der Erde seinen Ursprung haben könnte.

„Dann stammen wir ja alle von diesen Krebsen hier ab, oder?", fragt Lena. Paul, Vulkanexperte, antwortet überzeugt: „Ja genau, so ungefähr!"

SCHUPPENWURM

Tauchgang

Lebensgemeinschaft Black Smoker

Schwarze Raucher sind mehrere Meter hohe Steinsäulen, an deren Spitze 350 °C heißes Wasser aus dem Ozeanboden strömt. Das Wasser ist voller Mineralien, die sich beim Abkühlen im kalten Meerwasser absondern. Deshalb sieht es aus, als würde Rauch aufsteigen. An diesen heißen Quellen leben Schwefelbakterien, weiße Muscheln, weiße Krebse und Würmer mit roten Köpfen. Die Tiere hier haben sich diesem Ort angepasst. Es macht ihnen nichts aus, wenn ihre Füße im über 100 °C heißen Wasser sind, während ihr Kopf von eiskaltem Meerwasser umspült wird. Die ganze Lebensgemeinschaft an einem Schwarzen Raucher kommt ohne Licht aus und ist von Forschern erst vor wenigen Jahren entdeckt worden.

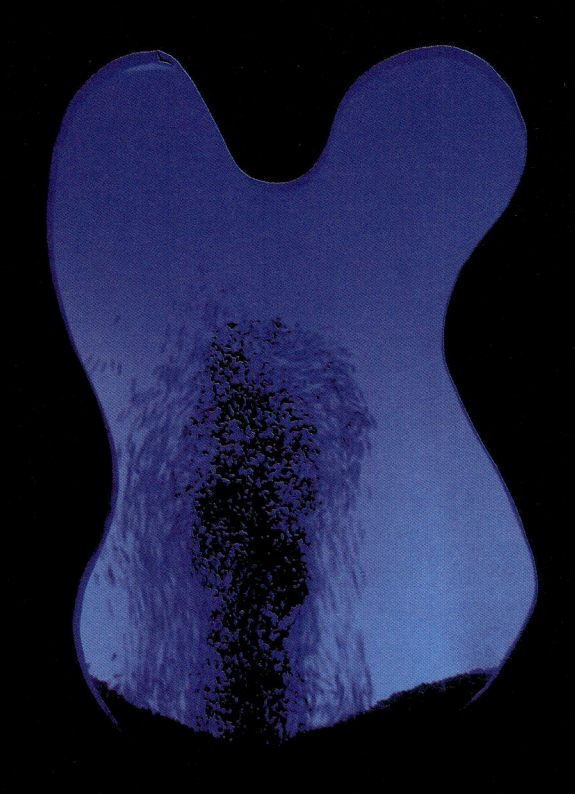

Die Stimme des Expeditionsleiters kündigt das Ende der Tauchfahrt an. Erst jetzt merken die beiden Kinder, wie stickig die Luft im Tauchboot geworden ist und dass Meeresforschung ziemlich durstig macht.

Tauchgang

Als Paul und Lena wieder festen Boden unter den Füßen haben, schauen sie noch einmal wehmütig auf das Meer zurück. „So viel klares, verlockendes Wasser, und dennoch kann man es nicht trinken. Wie schade", philosophiert Lena. „Lass uns Süßwasser suchen!" „Wieso ist das Meerwasser eigentlich so salzig und das Wasser in Flüssen und Seen nicht?", fragt Paul.

Auch in Flüssen und Seen ist ein kleines bisschen Salz im Wasser enthalten. Das wird überall auf den Kontinenten aus den Gesteinen herausgelöst.

Da alle Flüsse im Meer enden, dort jedoch auch viel Wasser wieder verdunstet, bleibt viel Salz in den Ozeanen zurück. „Aha, das erinnert mich an die Salzränder auf meinem Fußballtrikot", stellt Paul fest. „Ihhh, typisch Jungs, warum müsst ihr eigentlich immer so schnell schwitzen?"

Diese Frage wird auf der Expedition Mensch geklärt. Da musst du dich jedoch noch etwas gedulden. Paul und Lena haben jetzt ja auch schon was anderes vor. Sie suchen Süßwasser und wandern ein Flusstal hinauf.

Flusstal

Erst ist das Tal ganz breit. Das Wasser fließt gemütlich dahin. Nur ganz leicht schlängelt der Fluss sich hin und her. An den Ufern gibt es breite Sandstreifen. Schon wieder fühlt sich Lena an die Nordsee erinnert. „Unglaublich, hier gibt es ja auch Rippel."

Lena nimmt ihre Lupe und untersucht die Wellen im Sand ganz genau.
„Das ist wirklich ein schönes Muster im Kleinen wie im Großen." Doch Paul wird es zu langweilig. „Lass uns weiter gehen Richtung Gebirge. Mir ist der Fluss hier zu schlapp. In den Bergen gibt es Schluchten und Wasserfälle."

Flusstal

Rippeln

Wenn feiner Sand im Wasser von Seen, Flüssen und Meeren bewegt wird, bilden sich regelmäßige Muster. Sie heißen Rippeln. Einige von ihnen sind im Querschnitt symmetrisch, nämlich dann, wenn das Wasser in Pfützen und flachen Buchten hin- und herschwappt. Unsymmetrische Rippeln entstehen bei flachem, fließenden Wasser.

Sehr gut kann man Rippeln auf den Nordseeinseln bei Ebbe beobachten. Dort gibt es dann riesige Flächen davon, die einem beim Laufen die Fußsohlen massieren.

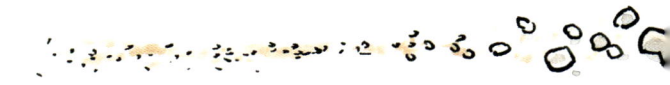

Je steiler die Landschaft ist, durch welche der Fluss fließt, desto schneller strömt er. Schnelles Wasser gräbt sich tief in den Boden ein. Es entstehen tiefe Täler, Schluchten und Canyons. Wenn es in den Bergen ringsherum lange Zeit regnet, kann der Fluss sogar meterdicke Felsbrocken und Gerölle mitreißen. Die Kraft des Wassers ist so groß, dass von den Felsbrocken und Geröllen im Flachland nur noch Sand übrigbleibt.

Flusstal

Die äußere Hülle

Die Wanderung entlang des Flusslaufes entpuppt sich als echte Herausforderung. Das Tal wird immer enger. Der Weg immer steiler. Gott sei Dank wird es auch immer kälter.

„Das ist ja wirklich komisch", bemerkt Lena. „Bei mir zu Hause sammelt sich die Wärme immer unter der Zimmerdecke. Auf meinem Hochbett ist es deshalb ja auch so schön kuschelig. Und hier wird es immer kälter. Weißt du, warum?"

Wetter und Klima

„Ich glaube, die Kälte kommt aus dem Weltraum. Je höher wir steigen, desto näher kommen wir dem Himmel", antwortet Paul.

Tatsächlich steigt warme Luft nach oben – im Zimmer und auch in den Bergen. Dort wird die Temperatur jedoch noch durch den Luftdruck beeinflusst.

Reflexion Schwarz / Weiß

Das muss man haben
Zwei gleiche Holzbretter, schwarze und weiße Wasserfarbe, eine schwenkbare Lampe

Das muss man tun
Male die beiden Holzbretter an, eins schwarz und eins weiß. Trocknen lassen. Danach nebeneinander auf einen Tisch legen und fünf Minuten mit der Lampe bestrahlen. Lege nun deine Hände auf die beiden Bretter. Was fällt dir auf?

Das kann man beobachten
Das schwarze Brett ist viel wärmer als das weiße. Das liegt daran, dass eine weiße Oberfläche das Licht reflektiert. Beim schwarzen Brett wird das Licht der Lampe in Wärme umgewandelt. Auf der Erde ist dieser Effekt auch wichtig. Wenn ein Kontinent mit Schnee bedeckt ist, kann das Sonnenlicht die Erde nicht mehr wärmen. Das Licht wird reflektiert. Es wird immer kälter. So kann man erklären, warum manchmal Eiszeiten entstanden sind.

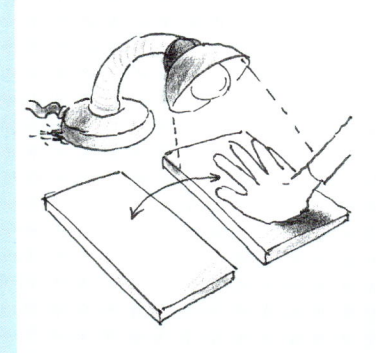

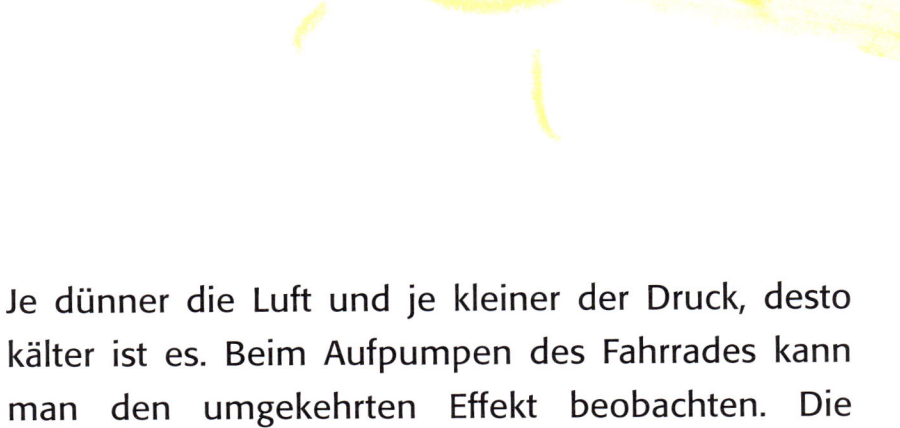

Je dünner die Luft und je kleiner der Druck, desto kälter ist es. Beim Aufpumpen des Fahrrades kann man den umgekehrten Effekt beobachten. Die Pumpe drückt die Luft zusammen und wird heiß.

„Ach, deswegen ist sogar der Kilimandscharo, im heißen Afrika, immer mit Schnee bedeckt", schlussfolgert Lena. „Ahh, Berge, Eis, Schnee, Skifahren, Pinguine, ich möchte mal dahin, wo es nichts anderes gibt, in die Antarktis", schwärmt Paul. „Ahh, Hitze, Wüste, Kamele und Sand ohne Ende – mehr noch als an der Nordsee", kontert Lena. „Da will ich mal hin."

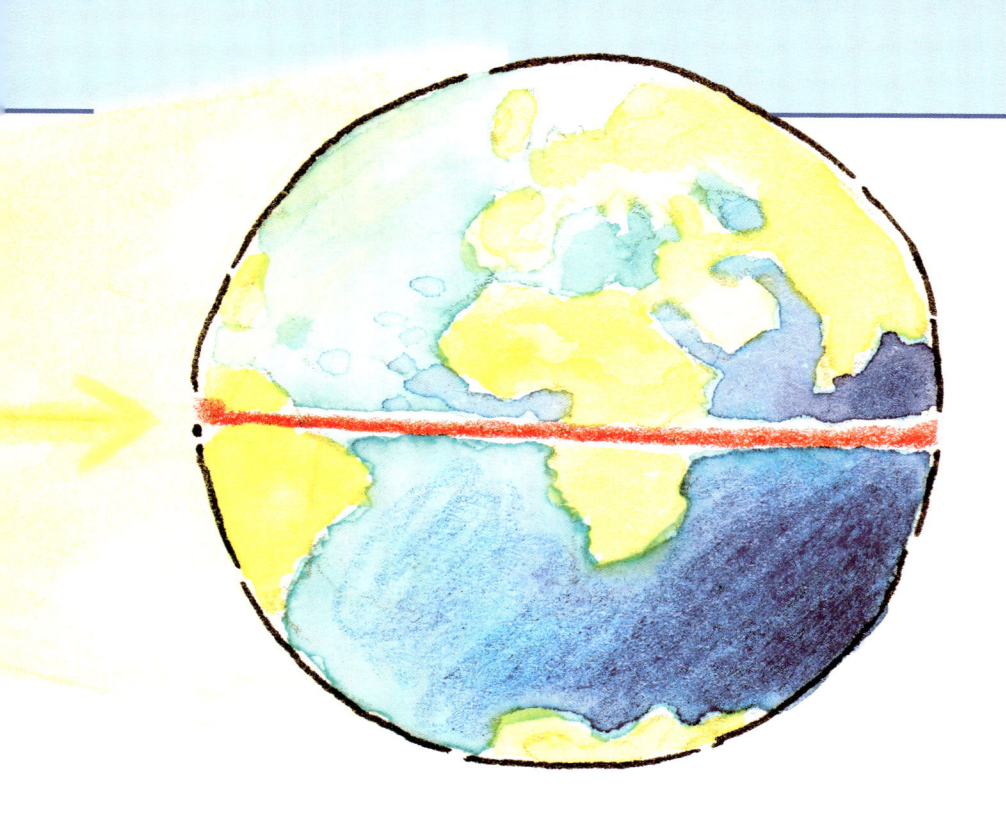

"Schon unglaublich, dass es auf der Erde so unterschiedliche Bedingungen gibt", sagen beide wie aus einem Munde. "Da spielt bestimmt wieder das Weltall mit", sucht Paul eine Erklärung.

Und er hat Recht. Die Wärme auf der Erde kommt von der Sonne. Die scheint aber nicht überall gleich. In der Mitte der Erde, am Äquator, treffen die Strahlen die Erde frontal. An den Polen streifen sie sie nur. "Deswegen müsste ich nach Süden reisen, um eine Wüste zu finden. Und du könntest dir einen der Pole aussuchen", sagt Lena. Das Weiß der Polargebiete sorgt zusätzlich noch dafür, dass der Effekt verstärkt wird. Denn weiße Oberflächen spiegeln fast das ganze Sonnenlicht zurück in den Weltraum. Wenn der Schnee auch im Sommer nicht schmilzt, kann es dadurch sogar zu Eiszeiten kommen. Die letzte Eiszeit ist gerade mal 20 000 Jahre her. Da lag Norddeutschland am Rande riesiger Gletscher. „Toll, dann hätte ich nicht bis zu den Polen reisen müssen", meint Paul..

In Wirklichkeit ist das mit dem Klima jedoch noch viel komplizierter. Neben der Sonne und den Spiegelungen spielen die Meeresströmungen eine wich-

Golfstrom

Der Golfstrom kommt aus der Karibik. Da, wo viele Leute Urlaub machen, tankt das Meerwasser so richtig Wärme und strömt dann an Florida und Washington vorbei quer über den Atlantik Richtung Europa. Dort teilt er sich und bringt warmes Wasser an viele Orte. Die Küsten von Irland, Schottland und sogar Norwegen profitieren davon und haben deshalb ein recht mildes Klima. Aber das war nicht immer so. Im Laufe von einer Million Jahren ist der Golfstrom schon mehrmals ganz schwach geworden, sodass es bei uns richtig kalt wurde: manchmal für lange Zeit während der Eiszeiten.

NORDSEE

BREMEN

Wetter und Klima

Tornado

Das muss man haben

2 Plastikflaschen, 1 Stück Schrumpfschlauch oder wahlweise Klebeband, Lebensmittelfarbe, Wasser, Trichter, Fön

Das muss man tun

Färbe das Wasser und fülle es mit einem Trichter in eine der Flaschen (ungefähr 4/5 voll). Nun müssen nur noch die beiden Flaschen mit den Öffnungen gegeneinander gehalten und verbunden werden. Dies geht am besten mit einem Schrumpfschlauch, der sich mit Hilfe heißer Luft aus einem Fön zusammenzieht. Mit Klebeband funktioniert es aber auch. Dann die untere Flasche im Kreis rotieren und schnell umdrehen.

Das kann man beobachten

Mit etwas Übung kriegst du es hin, dass das Wasser von der oberen in die untere Flasche läuft und dabei einen Strudel bildet. Ein Tornado sieht ähnlich aus wie ein solcher Wasserstrudel und funktioniert auch ganz ähnlich.

tige Rolle. Sie transportieren große Mengen an Wärme von einem Ende der Erde zum anderen. So gelangt viel warmes Wasser vom Äquator in kältere Zonen. Dass man in der Nordsee baden kann, liegt auch an einer Meeresströmung, dem Golfstrom.

„Danke, Golfstrom!", ruft Lena leidenschaftlich. Langsam packt sie die Sehnsucht nach zu Hause. „Hast du etwa schon wieder Heimweh?", fragt Paul besorgt. „Naja, ein Fischbrötchen wäre schon nicht schlecht", antwortet Lena. „Dann lass uns los. Hinter dem Flachland kommt Bremen."

Einen kleinen Umweg mussten die beiden Forscher dann doch noch gehen. Ein Tornado stellte sich ihnen in den Weg. Wenn warme und kalte Luftmassen aufeinander stoßen und sich übereinander schichten, können riesige Windhosen entstehen. In Deutschland sind die gar nicht so selten, aber nie so groß wie in Amerika. Dazu fällt Paul ein: „In Amerika ist ja immer alles größer."

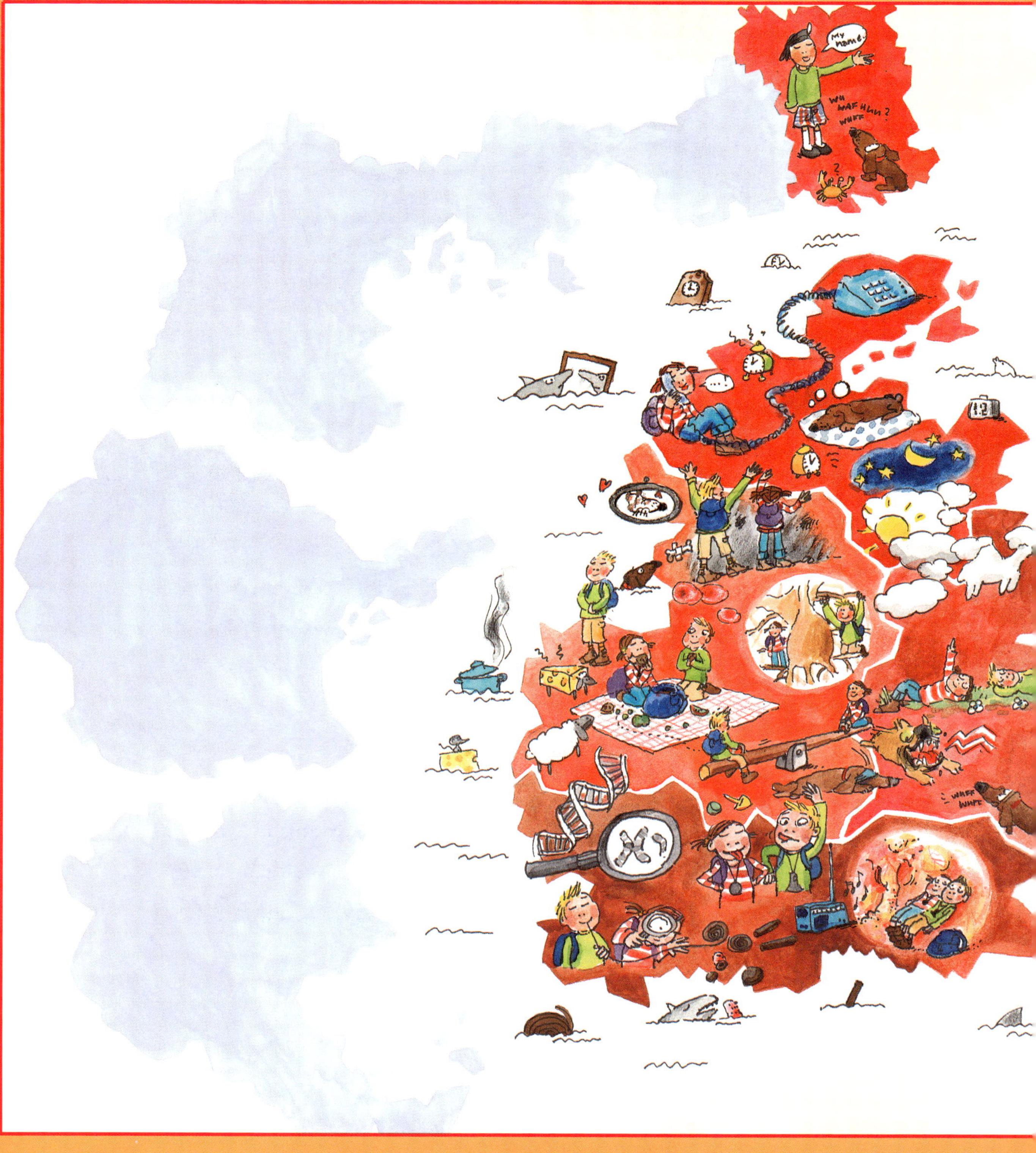
My name.
WU WAF HUU? WUFF
WAFF WUFF

Die Expedition MENSCH beginnt im Moment der Zeugung und begleitet die beiden Forscher über die Sinne des Menschen bis ins Gehirn. Was macht dich zu dem, was du bist? Glaubst du, du hast die meisten deiner Eigenschaften geerbt? Oder prägen dich vor allem Erlebnisse und Erfahrungen? Paul und Lena sind sich auch nicht einig. Mal sehen, ob einer von beiden Recht hat.

Ihre Forschungsreise führt sie in die Welt der Sinne. Lena und Paul spüren Schall, lernen die Bogengänge kennen und tasten sich durch die Dunkelheit. Rau, hart, kalt, weich... Die beiden staunen, was man alles so spüren kann. Sogar Hunger hat etwas mit Tasten zu tun. Lena und Paul reisen ins menschliche Auge und stellen fest, dass dort die ganze Welt Kopf steht. Willst du wissen, warum?

Im Gehirn sind Lena und Paul den Gefühlen auf der Spur. Dort bekommen sie es mit der Angst zu tun und erfahren, wozu diese gut ist. Angst führt einen nämlich immer wieder zurück nach Hause. Bist du neugierig auf die Expedition Mensch?

Expedition MENSCH

Lena und Paul auf der Expedition MENSCH

Am Anfang des Lebens

Hast du dir schon einmal überlegt, warum wir eigentlich sind, wie wir sind? Auch die Wissenschaftler streiten noch darüber. Die einen glauben, dass uns das Allermeiste von unseren Eltern vererbt wird. Die anderen denken, dass der Einfluss der Umwelt unsere Eigenschaften bestimmt.

Paul ist sich ziemlich sicher, dass die Vererbung eine große Rolle bei ihm gespielt hat. Er hat die Augenfarbe seiner Mutter und ist so neugierig wie sein Vater. Außerdem teilt er seine Vorliebe für Lakritz mit seiner Oma.

Lena hingegen glaubt, dass wichtige Ereignisse in ihrem Leben eine große Rolle spielen. Seit sie die Lupe vom Freund ihres Vaters bekommen hat, ist sie von kleinen Dingen und Details fasziniert. Marzipan mag

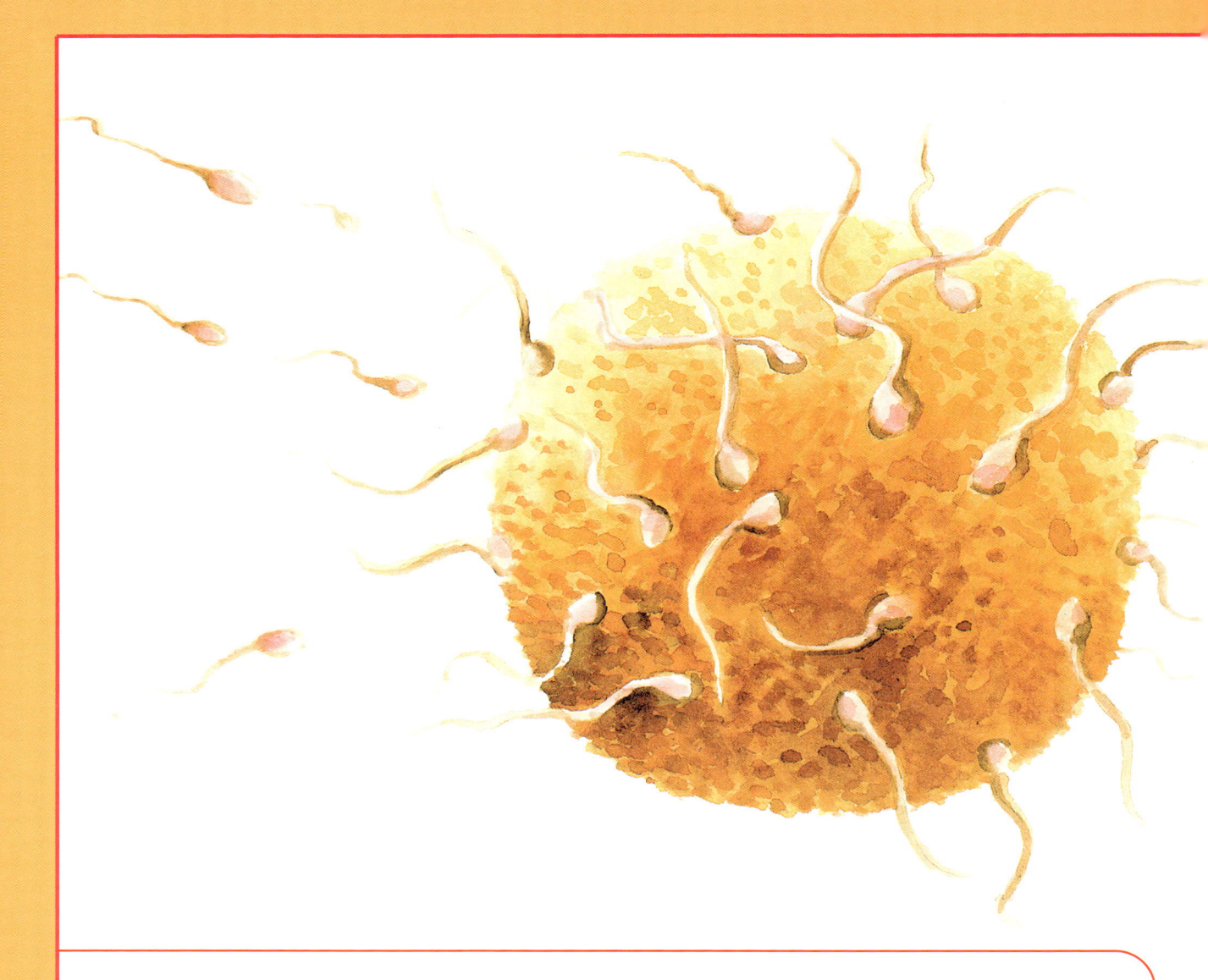

Entwicklung des Fötus

Nach der Befruchtung der Eizelle durch eine Samenzelle wandert sie in die Gebärmutter und ein Embryo kann heranwachsen. Schon früh bilden sich verschiedene Organe, zum Beispiel schlägt das Herz schon nach 21 Tagen.

Nach drei Monaten sind alle Organe bereits vorhanden. Der Embryo heißt nun Fötus. Ab dem 6. Monat kann der Fötus Reize wahrnehmen und seine Sinnesorgane benutzen. Kinder, deren Mütter während der Schwangerschaft immer die gleiche Musik gehört haben, erkennen diese nach der Geburt wieder. Im 7. Monat wird der Fötus immer aktiver. Er tritt, boxt und gähnt. Sogar einen Schluckauf kann ein Baby dann haben, und die Mutter kann das hören.

niemand in ihrer Familie. Was auch gut ist, weil es ihr daher auch niemand wegisst. Außerdem hat sie braune Haare, obwohl ihr Vater blond ist und ihre Mutter schwarze Haare hat.

Um diese Frage zu erkunden, haben sich Lena und Paul zu ihrem ersten Ausflug aufgemacht: in die Gebärmutter.

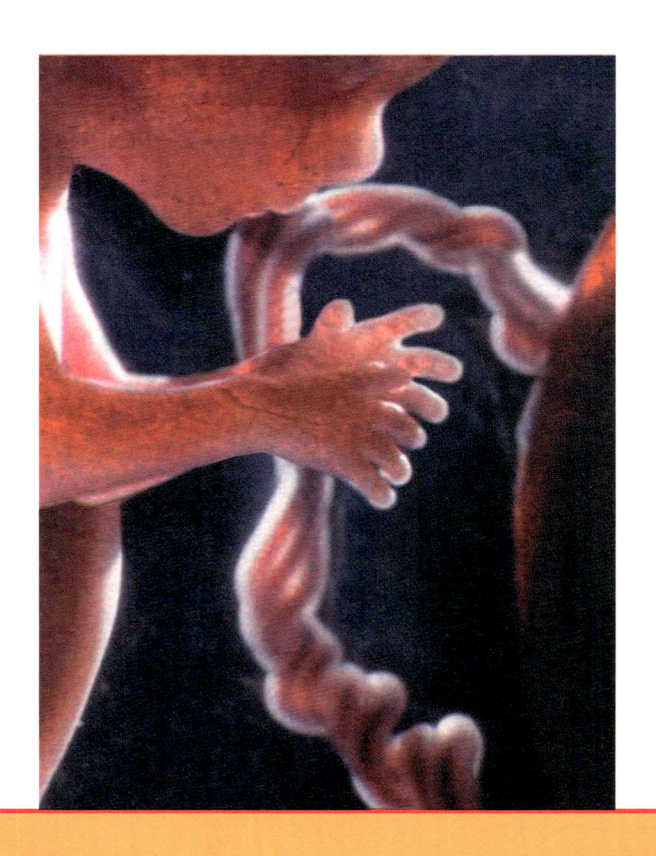

Am Anfang des Lebens

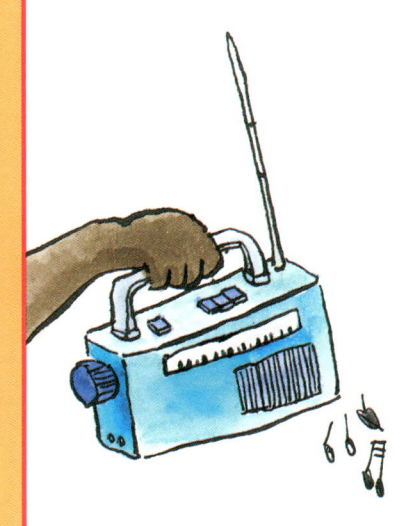

Paul ist erstaunt, was er alles hört. Eigentlich dachte er, es wäre total still in der Gebärmutter. Stattdessen ist dort ein ständiges Glucksen und Pochen, Räuspern und Husten. Sogar die Geräusche aus dem Haus und von der Straße sind zu hören. Zum Beispiel das Radioprogramm am Morgen. „Siehst du, da fängt der Einfluss der Umwelt schon an", sagt Lena. „Jetzt kann ich mir richtig gut vorstellen, dass ein Baby im Mutterleib bei ruhiger Musik einschläft und bei Techno wild wird." Sogar das Sonnen-

Am Anfang des Lebens

Einzigartigkeit

Das muss man haben
Einen Spiegel, einen Stift, einige Blatt Papier und einige Freunde

Das muss man tun
Jeder deiner Freunde bekommt ein Blatt Papier, worauf die Testergebnisse notiert werden. Führe folgende Tests durch: Sind deine Ohrläppchen angewachsen oder nicht? Sind deine Augen eher grün, blau oder braun? Hast du Locken oder keine? Bist du ein Junge oder ein Mädchen? Vergleicht eure Antworten. Haben zwei genau die gleichen Eigenschaften?

Das kann man beobachten
Du hast vier Merkmale getestet, die vererbbar sind. Die Wahrscheinlichkeit, dass jemand genau die gleichen Merkmale hat, beträgt 1:24. Das heißt, von 100 Menschen haben nur 4 die gleiche Merkmalskombination. Wir Menschen haben jedoch nicht nur die vier Merkmale, sondern mehr als 35 000. Kein Wunder, dass jeder Mensch einzigartig ist.

licht auf dem Bauch der Mutter gelangt als rötlicher Schimmer bis in die Gebärmutter. „Eigentlich ganz gemütlich", meint Paul. „Da kann sich das Baby geschützt und geborgen fühlen."

Schon früh während der Entwicklung im Bauch der Mutter sind alle Sinne des Kindes aktiv. Es tastet sogar nach der Nabelschnur.

„Siehst du", sagt Paul, „diese ganze Entwicklung wird vererbt, und dass sie so verläuft, liegt am Erbgut."

Etwa 35 000 Gene bestimmen ziemlich viele Merkmale von uns. Unser Aussehen und unseren Stoffwechsel, ob wir bestimmte Stoffe riechen oder die Zunge rollen können.

„Au ja, das probiere ich aus", sagt Lena ganz begeistert. „Guck, ich kann's! Und du?" „Ach, kein Problem", erwidert Paul. Er schafft es aber nur in Querrichtung, soviel er auch probiert. Lena triumphiert. „Und was nützt es dir, dass du die Zunge so rollen kannst?", fragt Paul. „Naja, eigentlich vielleicht … beim Grimassenschneiden zum Beispiel!"

Vieles, was jeden von uns ausmacht, wird von den Genen bestimmt. Genauso wichtig ist aber, was wir so alles erleben und lernen. Auch unsere Sinnesorgane entwickeln sich noch weiter. Neugeborene sind zum Beispiel ziemlich kurzsichtig und sie können ihre Eltern nur erkennen, wenn die ihnen ganz nahe kommen.

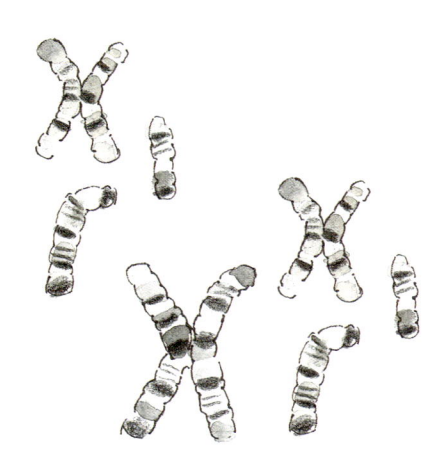

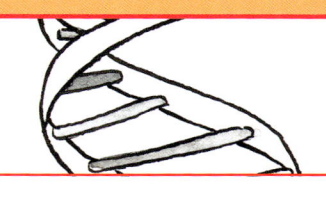

Chromosomen und Gene

Die Chromosomen tragen die Erbinformationen. Jeder Mensch hat 46 Chromosomen, von jedem Chromosomentyp zwei. Eines trägt die Erbinformation von der Mutter, eines stammt vom Vater. Ein Chromosom besteht aus ganz langen Molekülen, die wie eine Doppelspirale aussehen. Diese langen Ketten werden DNA genannt. Sie speichern die Informationen über alles, was uns ausmacht und was in unserem Körper so passiert. Für das Speichern der Informationen sind verschieden lange Stücke der DNA verantwortlich. Das sind die Gene, von denen wir ungefähr 35000 Stück besitzen.

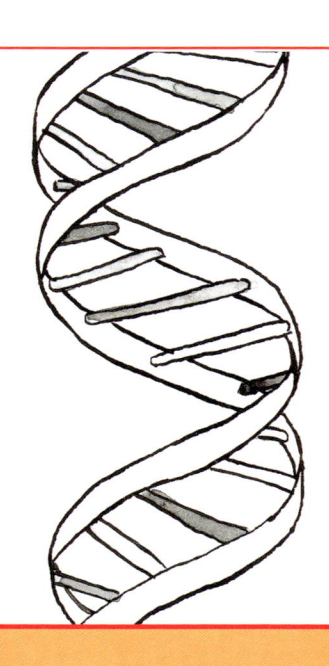

Am Anfang des Lebens

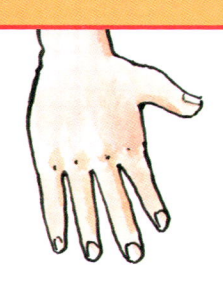

Die Wahrnehmung

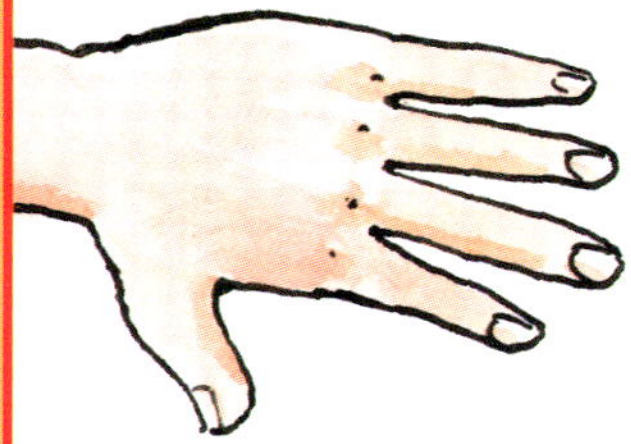

„Fünf Sinne gibt es", behauptet Lena. „Sehen, Hören, Fühlen, Schmecken und Riechen." „Und was ist mit dem Gleichgewichtssinn?", fragt Paul. „Das ist doch kein Sinn", erwidert Lena. „Oder wie heißt das Organ dafür?" „Der Gleichgewichtssinn ist in der Nähe vom Ohr, glaube ich. Und Riechen und Schmecken sind eigentlich fast dasselbe, weil Schmecken ohne Nase gar nicht geht", meint Paul und erinnert sich an seinen letzten Schnupfen, bei dem alles ziemlich langweilig geschmeckt hat. „Das ist doch nicht dasselbe!", protestiert Lena.

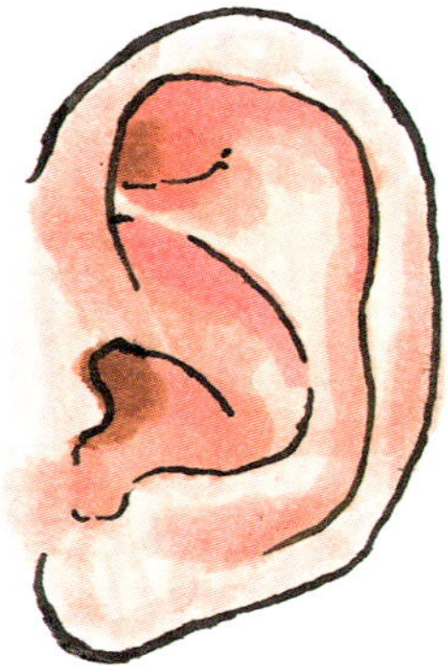

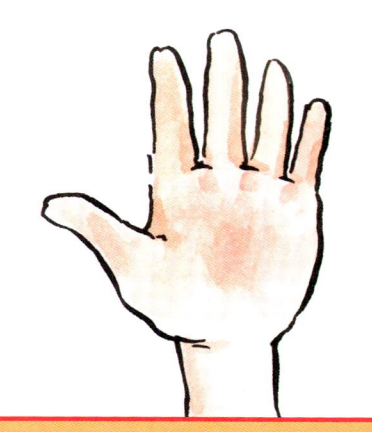

„Wir schmecken doch teilweise mit der Zunge. Denk mal an das saure Weingummi und wie das die Zunge zusammenziehen lässt!" „Na gut. Dann gibt's aber auch mehr als fünf Sinne. Ich würde sagen, fünfeinhalb." „O.k., einverstanden", sagt Lena, „fünfeinhalb."

„Komm, wir testen mal unseren Gleichgewichtssinn", schlägt Paul vor und die beiden klettern auf eine Wippe. „Merkst du, wie es hoch und runter geht?", fragt Paul. „Das stellt unser Gleichgewichtssinn fest." „Ich kriege eine Gänsehaut", bemerkt Lena, „aber es macht Spaß."

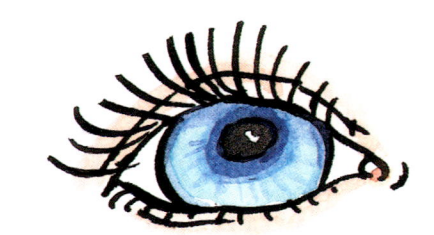

Wahrnehmung

Der Gleichgewichtssinn lässt uns spüren, wenn unser Körper bewegt oder gedreht wird. Drehungen nehmen wir mit kleinen Hohlräumen, den Bogengängen, wahr. Sie finden sich am Ohr. Aber auch die

Augen helfen uns, unser Gleichgewicht zu halten. Das kann man testen, indem man die Augen schließt und versucht auf einem Bein zu stehen. Es ist viel schwieriger, das Gleichgewicht zu halten, als mit geöffneten Augen.

Wahrnehmung

„Nicht nur Sehen, sondern auch Hören hat viel mit dem Gleichgewicht zu tun", behauptet Paul. „Als ich mal eine Mittelohrentzündung hatte, konnte ich kaum hören und mir war immer ganz schwindelig." Geräusche sind Schallwellen, bei denen Luftdruckschwankungen weitergegeben werden. Beim Hören werden diese Schallwellen im Ohr aufgenommen.

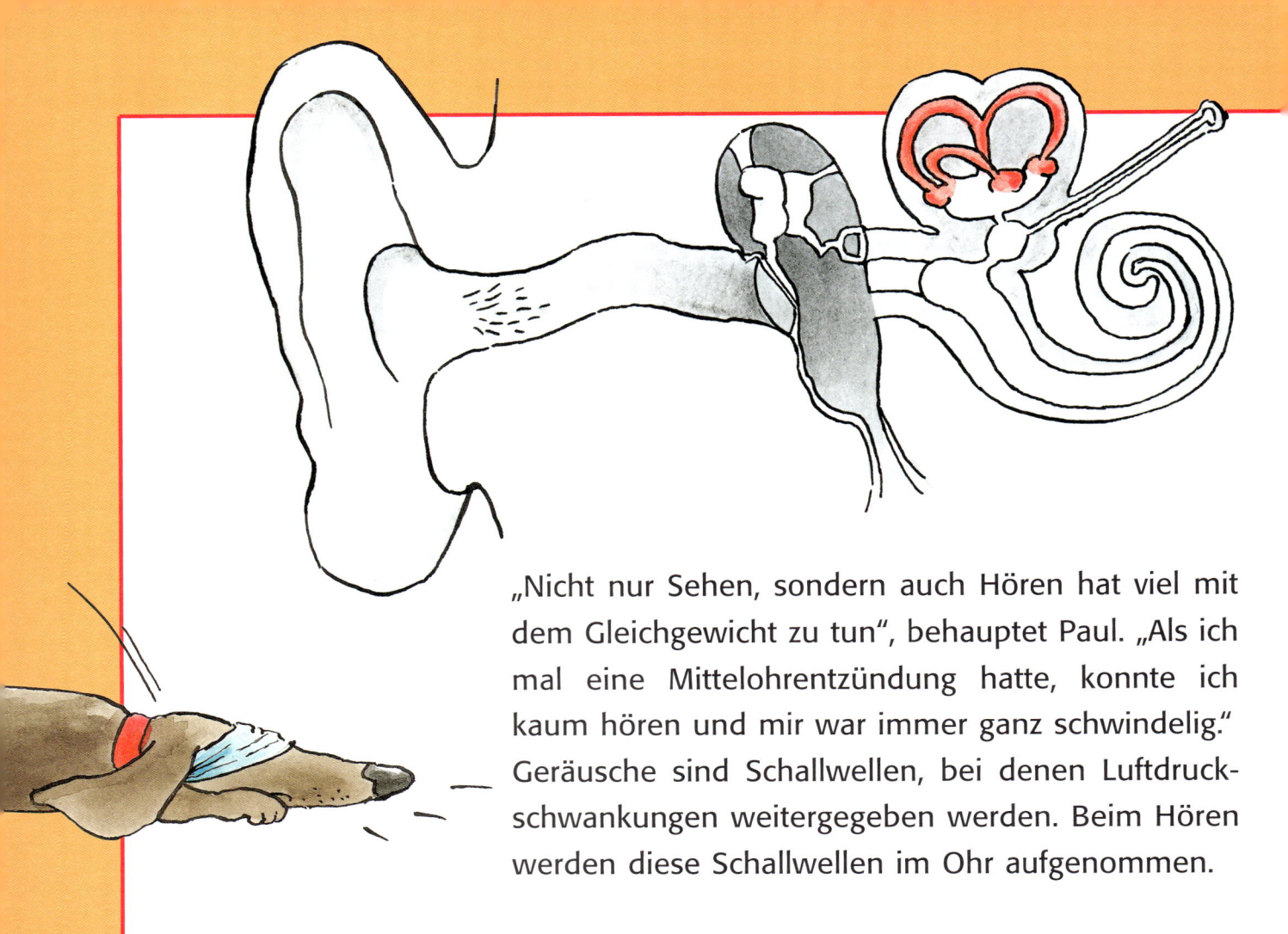

Gleichgewichtssinn

Unser Gleichgewichtssinn befindet sich im Innenohr. Dort nehmen wir wahr, ob unser Körper liegt, steht oder sich irgendwie anders bewegt. Nur mit seiner Hilfe können wir uns aufrecht halten und an alle Bewegungen anpassen. Drehbewegungen nehmen wir mit Hilfe der drei Bogengänge wahr. Jeder dieser Bogengänge ist für eine Drehrichtung zuständig. In den Bogengängen gibt es eine geleeartige Masse, die durch die Schwerkraft bewegt wird, so wie sich das Wasser in einer Wasserwaage hin und her bewegt. Diese Bewegung wird von feinen Härchen an das Gehirn weitergeleitet, und so merken wir, dass wir uns drehen.

„Man kann Töne aber auch ganz anders wahrnehmen, besonders die tiefen", bemerkt Lena. „Zum Beispiel mit dem Bauch oder mit dem ganzen Körper. Komm, das probieren wir mal am Gong aus!" Lena und Paul stellen sich vor einen großen Gong und Lena haut drauf. „Uuiih, das kribbelt im Bauch", ruft Paul. „Aber welches Sinnesorgan ist das jetzt?!" „Na, der Magen", rät Lena selbstbewusst. Ob das wohl stimmt?

Wahrnehmung

Wie Schall an unser Ohr gelangt

Wenn etwas einen Ton macht, dann bringt es die Luft zum Schwingen. Die Saite einer Gitarre zum Beispiel versetzt deren Holzkörper in Vibrationen. Diese Vibrationen sind sehr schnell und kaum zu sehen, aber sie bewirken ein Vor und Zurück der Luftteilchen. Jedes Luftteilchen stößt das nächste an und so weiter. Danach schwingt das Teilchen wieder in die andere Richtung, hat sich aber insgesamt nicht weiter bewegt. Die Schwingung der Luftteilchen wandert aber immer weiter von einem zum nächsten Teilchen, bis die Schwingung unser Ohr und das Trommelfell erreicht. Dort ist sie dann für uns als Ton hörbar. Was meint ihr, kann man also im Weltraum, wo es keine Luft gibt, etwas hören?

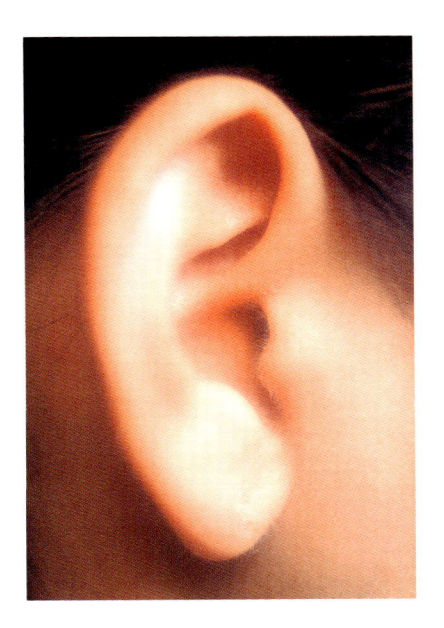

Das menschliche Ohr kann nur bestimmte Töne hören, tiefe und hohe und alle Töne dazwischen. Kinder können auch sehr hohe Töne hören, zum Beispiel das Piepen von einem Fernseher oder den schrillen Pfiff einer Hundepfeife. Je älter wir werden, desto schlechter wird unser Gehör und die hohen Töne können wir nicht mehr wahrnehmen. Manche Tiere sind in der Lage, noch sehr viel höhere Töne zu hören. Fledermäuse zum Beispiel. Die senden selber diese Töne aus und hören dann die Reflexionen von Bäumen, Häusern und Bergen.

„Echolot", ruft Lena, „die haben ein Echolotsystem. Damit können sie praktisch die Welt abtasten und sich ein Bild machen, obwohl sie fast blind sind."
„Deswegen kommen Fledermäuse wohl erst nachts raus, das Licht brauchen die ja nicht", mutmaßt Paul.
„Und was machen wir, wenn es ganz dunkel ist?", fragt Lena und schaltet das Licht aus.

Richtungshören

Das muss man haben
Ungefähr einen Meter Schlauch, zwei passende Trichter, einen Stock und einen Freund

Das muss man tun
Stecke die beiden Trichter je an ein Ende des Schlauchs und halte sie an deine Ohren. Nun musst du die Augen schließen. Ein Freund kann jetzt sehr vorsichtig mit dem Stock auf verschiedene Stellen des Schlauchs schlagen. Kannst du hören, wenn er die Mitte des Schlauches erreicht?

Das kann man beobachten
Wir Menschen haben zwei Ohren, damit wir Geräusche im Raum wahrnehmen können. Nur bei Geräuschen, die genau vor oder hinter uns entstehen, nehmen beide Ohren die Töne zur gleichen Zeit wahr. Der Abstand von der Geräuschquelle zu beiden Ohren ist gleich. Ansonsten kommen Geräusche zu unterschiedlichen Zeiten an unsere Ohren. Aus diesem Zeitunterschied errechnet unser Gehirn die Richtung des Geräusches.

„Hey, ich sehe überhaupt nichts mehr!", ruft Paul. „Wo bist du denn, Lena? Mach dich doch mal bemerkbar!"
Paul wird ein wenig mulmig zumute. Er streckt die Arme aus und tastet ins Leere. „Mensch Lena, hör auf damit! Das ist jetzt wirklich nicht mehr witzig!" Paul scheint ständig irgendwelche Geräusche zu hören. Wenn der Sehsinn abgeschaltet ist, dann misst man dem Hören größere Bedeutung zu. Ob manche Sänger deswegen die Augen schließen, um sich besser hören zu können?

Paul stößt mit seinen Füßen an etwas Weiches. Jetzt kann Lena sich nicht mehr halten und prustet los. „Ich sitze schon die ganze Zeit hier vor dir auf dem Boden und stelle mir vor, was für ein dummes Gesicht du machst. Leider konnte ich es nicht sehen. Aber der Boden hat vibriert, so hast du gezittert vor Angst." „Du blöde Kuh, ich schüttele dich gleich durch, dann können deine Vibrationszellen noch mal richtig arbeiten." „Vibrationszellen gibt's doch gar nicht. Wo sollen die denn sein?"

Wahrnehmung

Tatsächlich gibt es in der Haut je nach Reiz unterschiedliche Tastzellen. Manche nehmen Druck wahr, andere sind für Berührung oder Temperatur zuständig. Sogar für Vibration gibt es einen eigenen Rezeptor.

„Komm, lass uns jetzt mal unsere Rezeptoren testen", meint Lena und tastet sich an der Wand entlang. Paul folgt ihr. „Ich spüre was ganz Weiches. Scheint irgendein Stoff zu sein. Und hier ist was ganz Spitzes. Ich glaube, ein Nagel oder so." „Iih, hier ist ja was ganz Kaltes", sagt Paul.

Lena ist neugierig und tastet sich heran. „Das finde ich aber gar nicht kalt", erwidert sie, „eher warm."

„Gib mal deine Hand!", sagt Paul. „Ach so, deine Hände sind ja auch ganz kalt. Deshalb kommt es dir warm vor und ich habe einen kalten Eindruck. Das

Wahrnehmung

Tastrezeptoren

Wir tasten mit verschiedenen Arten von Tastzellen, den Tastrezeptoren. Es gibt solche für Druck, Berührung, Vibration, Hautdehnung, Temperatur und Schmerz. Jeder Rezeptor hat eine typische Bauweise, damit er auch für den speziellen Reiz empfindlich ist. Für die Temperatur gibt es sogar eigene für Kälte und Wärme, die nur in bestimmten Temperaturbereichen reagieren. Alle Rezeptoren geben, wenn sie gereizt wurden, ein Signal an das Gehirn weiter. Die Tastrezeptoren sind ungleichmäßig über den Körper verteilt. Besonders viele haben wir an den Fingerspitzen und den Lippen. Deshalb haben wir dort besonders viel Gefühl.

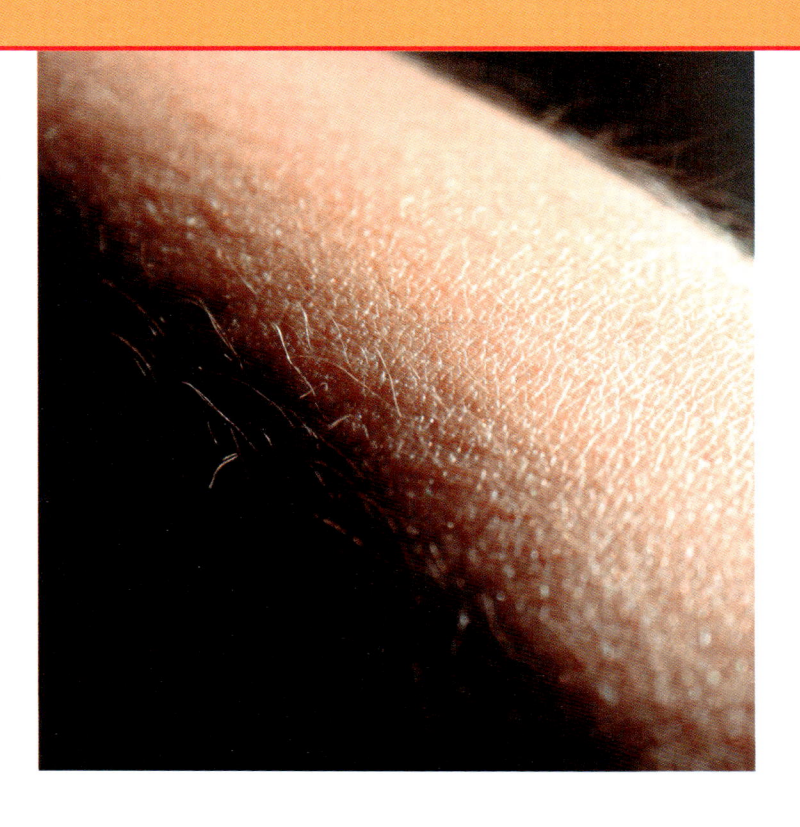

ist wie mit dem Kühlschrank. Der kommt mir im Sommer auch immer kälter vor als im Winter." „Oops, ich fühle was Raues", sagt Lena. „Und ich fühle Hunger, Durst und den unbändigen Wunsch nach Tageslicht", erwidert Paul.

Auch die Eindrücke von Paul sind Tasteindrücke. Der Mensch tastet mit dem ganzen Körper. Nicht nur die Außenhaut ist dabei aktiv, sondern auch Rezeptoren innerhalb unseres Körpers, die zum Beispiel Hunger, Durst und sogar Magenschmerzen wahrnehmen können.

„O.k., ich glaube, ich habe den Weg hinaus gefunden", meint Lena. „Siehst du da nicht auch einen Schimmer?" „Ja stimmt, anscheinend haben sich unsere Augen an die Dunkelheit gewöhnt. Dann nichts wie raus hier."

Empfindliches Feld

Das muss man haben
Zwei Kugelschreiber und einen Freund

Das muss man tun
Nimm die Minen aus den Kugelschreibern. Schließe die Augen und schiebe dir einen Ärmel hoch, so dass dein Freund dich an den Innenseiten des Unterarms mit den beiden Kugelschreiberhüllen berühren kann. Wann merkst du, dass es zwei Kugelschreiber sind, und wann fühlt es sich an wie einer?

Das kann man beobachten
Wir nehmen die Sinnesreize über Empfänger, sogenannte Rezeptoren, wahr. Der Bereich, in dem ein Rezeptor aktiv ist, heißt Feld. An den Fingerspitzen oder am Mund befinden sich ganz viele Rezeptoren. Ihre Felder sind sehr klein. Dort können wir auf kleinstem Raum zwei Reize unterscheiden. An den Unterarmen sind die empfindlichen Felder sehr groß, deshalb fühlst du manchmal nur einen Kugelschreiber, auch wenn dich beide berühren.

Kaum draußen, machen sich die beiden über den Proviant in Pauls Rucksack her. „Mmh, lecker." Paul verschlingt die Käsebrote, während Lena lieber die Bananen mag. „Dass du diese Käsebrote essen kannst, die stinken doch immer so nach Kuh und Schaf", sagt Lena. „Ich dachte, Schmecken und Riechen haben nichts miteinander zu tun", spottet Paul. „Das Käsebrot ist doch der stinkende Beweis. Halt dir mal die Nase zu und beiß ab!" Widerwillig folgt Lena seinem Vorschlag. „Mmh, schmeckt langweilig", näselt sie, „aber salzig ist dein Brot."

Wahrnehmung

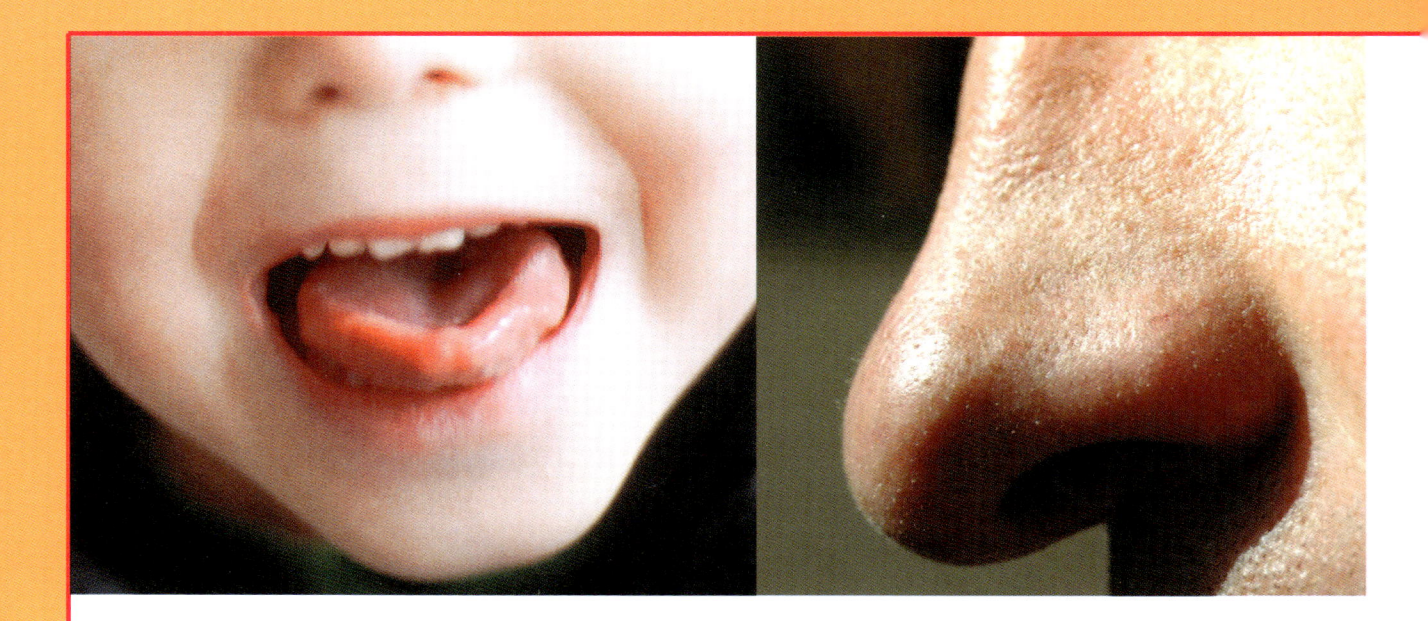

Schmecken ist zum größten Teil Riechen. Nur wenige Eigenschaften unserer Nahrung werden an der Zunge festgestellt: süß, sauer, salzig, bitter. Das Aroma und das ganz Besondere einer Speise ist aber ihr Geruch. Das ist sogar sinnvoll, weil wir daran erkennen können, ob etwas genießbar ist oder vielleicht verdorben.

Riechzellen

Riechen ist der empfindlichste Sinn des Menschen. Praktisch kein Stoff, den wir riechen, riecht wie ein anderer. Schon geringste Veränderungen in der Zusammensetzung lösen bei uns neue Empfindungen aus. Die Duftstoffe kommen mit der eingeatmeten Luft in die Nasenhöhle. Dort befinden sich drei Millionen Riechzellen. Um eine Riechzelle zu aktivieren, muss der Duftstoff zur Riechzelle passen wie ein Schlüssel zum Schloss. Vermutlich gibt es in der Nase über 1000 verschiedene „Schlösser", die 10000 verschiedene Düfte auseinander halten können. Hunde mit der berühmten Spürnase erschnüffeln sogar eine Million unterschiedliche Düfte!

„Als ich so erkältet war", sagt Paul, „hat meine Mutter mir Risi-Bisi gekocht, mein Lieblingsgericht. Ich konnte mich gar nicht darauf freuen, wie sonst, wenn mir vom Geruch das Wasser im Mund zusammenläuft." „Wie riecht denn Risi-Bisi?", fragt Lena ganz neugierig. „Naja, so nach ..., zu Hause eben."

Nicht nur Paul stammelt, wenn er Gerüche beschreibt, sondern alle Menschen haben Schwierigkeiten, dafür die passenden Worte zu finden. Da sich der Geruchssinn in der Entwicklung des Menschen sehr früh entwickelt hat, das Sprachzentrum jedoch erst sehr viel später, besteht im Gehirn keine direkte Verbindung zwischen beiden Bereichen. Versuche doch mal, den Geruch einer Banane zu beschreiben. Es ist kaum möglich, oder?

Riechmemory

Das muss man haben

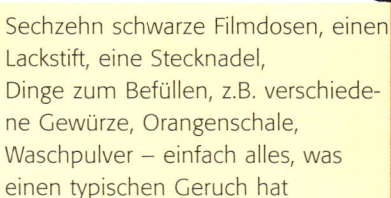

Sechzehn schwarze Filmdosen, einen Lackstift, eine Stecknadel, Dinge zum Befüllen, z.B. verschiedene Gewürze, Orangenschale, Waschpulver – einfach alles, was einen typischen Geruch hat

Das muss man tun

Befülle je zwei Filmdosen mit dem gleichen Material und beschrifte sie auf der Unterseite. Mit der Stecknadel musst du Löcher in den Deckel stechen. Nun kannst du mit Freunden das Riechmemory spielen.

Das kann man beobachten

Kannst du die Düfte auseinanderhalten und zwei gleiche Düfte herausfinden? Merkst du, wie eng Düfte mit unseren Erinnerungen verbunden sind?

Dennoch erzählen uns Gerüche sehr viel. Sie wecken Erinnerungen und sprechen unsere Gefühle an. Wir bemerken sie kaum und trotzdem haben sie Einfluss auf unser Verhalten.

„Ach so, deshalb gehe ich nach einem Gewitter im Sommer gerne raus, weil mich der Geruch dann an Ferien erinnert", meint Lena. „Und ich denke immer an Ferien, wenn ich einen tiefblauen Himmel sehe", sagt Paul. „Dann starre ich so lange nach oben, bis ich im Himmelsblau ein richtiges Umherschwirren sehe."

Was Paul sieht, ist Licht, welches vom Hämoglobin in den Kapillaren der Retina absorbiert wird. „Hä, ich verstehe nur Bahnhof. Vier Fremdworte in einem Satz. Wer soll das denn verstehen?", ärgert sich Paul und auch Lena kann sich das Herumgeschwirre immer noch nicht erklären. Aber sie hat eine Idee, wie sie dem Sehsinn auf die Spur kommen können. „Lass uns einfach in einem Auge nachsehen."

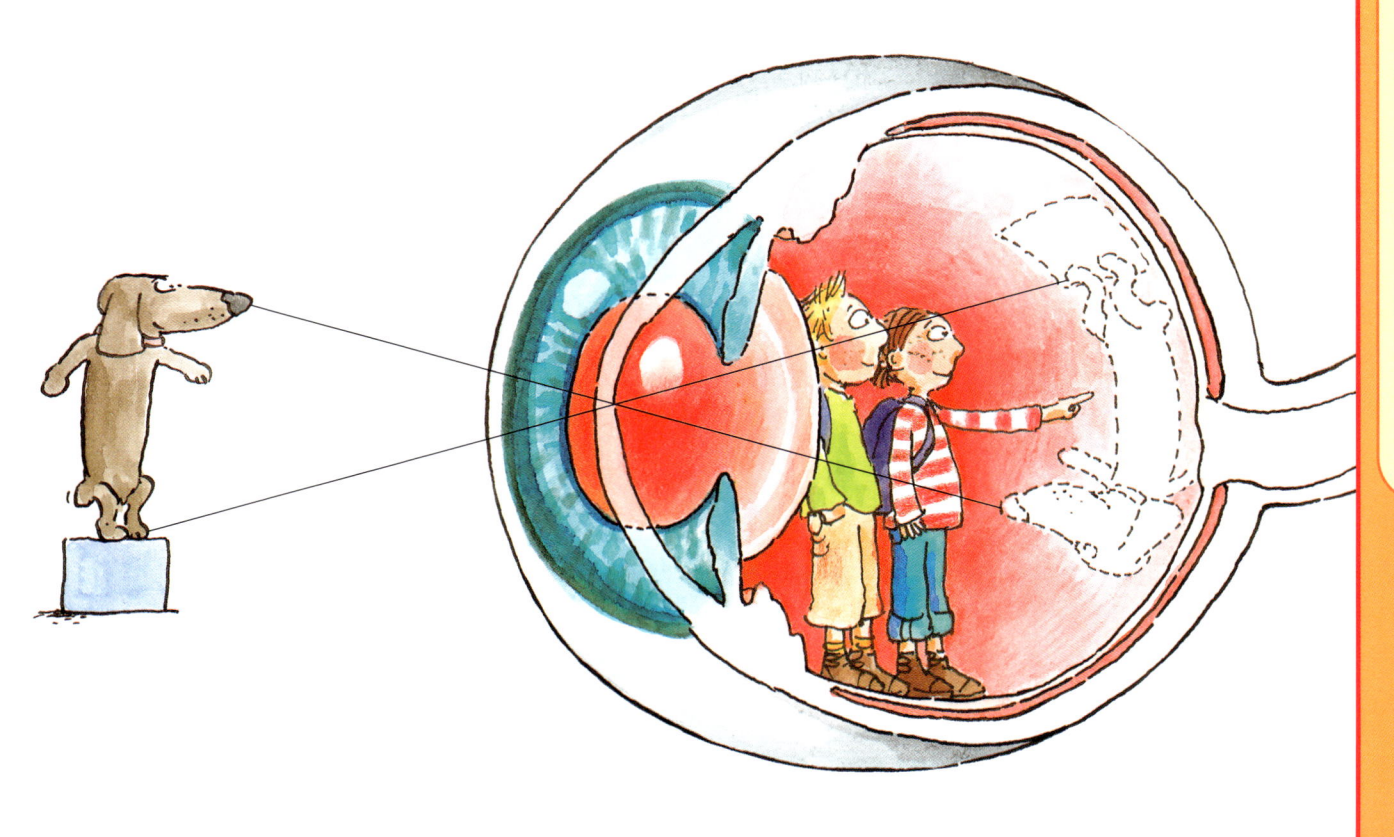

Wahrnehmung

Paul und Lena schauen sich im Innern eines Auges um. „Guck mal hier rüber, Paul. Da muss vorne sein. Ich sehe die Linse und kann nach draußen schauen. Von da kommt das Licht rein." „Wenn das Auge nicht gerade zwinkert", entgegnet Paul. Lena lässt sich durch Paul nicht irritieren. „Und hier auf der anderen Seite steht alles auf dem Kopf. Das will ich mir mal genauer ansehen." „Das Geschwirre kann ich mir immer noch nicht erklären", bremst Paul Lenas Begeisterung. „Komm, wir nehmen die Lupe", schlägt Lena vor. „Was siehst du?", fragt Paul. „Ich sehe eine Art Leinwand und davor ganz viele kleine Äderchen."

Lochkamera

Das muss man haben
Eine Chipsdose mit Deckel, ein Messer, einen Hammer, einen dünnen Nagel

Das muss man tun
Die Dose musst du in der Mitte durchschneiden und eine Seite mehrfach einschneiden. Jetzt kannst du die beiden Teile ineinanderschieben. Mit Nagel und Hammer musst du in den Boden der Dose ein Loch schlagen. Auf dem Deckel kannst du nun ein Bild beobachten. Scharfstellen kannst du es, indem du die Dose auseinander- oder zusammenschiebst.

Das kann man beobachten
Auf dem Deckel der Dose siehst du die Welt auf dem Kopf. Das Licht fällt geradlinig durch das kleine Loch. Alles, was vorher oben war, ist nun unten. Unser Auge funktioniert ganz ähnlich.

Was Lena sich anschaut, ist die Netzhaut, die von Wissenschaftlern auch Retina genannt wird. In ihr befinden sich Millionen von Sehzellen. Sie nehmen das Licht auf und wandeln es in Signale um. Versorgt werden die Sehzellen von kleinen Äderchen, in denen Blut fließt. Sie liegen vor der Netzhaut und die Blutkörperchen filtern blaues Licht heraus. Normalerweise bemerkt man das gar nicht. Sieht man jedoch in einen tiefblauen Himmel, bleibt kein Licht mehr übrig und wir sehen die dunklen Schatten der Blutkörperchen als Geschwirre. Manchmal

Stäbchen und Zapfen

Wir Menschen haben zwei verschiedene Sehzellen: Stäbchen und Zapfen. Mit den Stäbchen sehen wir schwarz-weiß. Die Zapfen sind für das Farbsehen zuständig.
Die 120 Millionen Stäbchen verteilen sich gleichmäßig über die gesamte Netzhaut. Nur in der zentralen Sehgrube gibt es keine Schwarz-weiß-Sehzellen. Hier befinden sich die allermeisten der 6 Millionen Zapfen. Tagsüber sehen wir hauptsächlich mit den Zapfen. Die Welt erscheint uns bunt. Nachts werden die Stäbchen aktiv. Übrigens befindet sich in den Stäbchen der rote Sehfarbstoff, der bei misslungenen Blitzlichtaufnahmen als „rote Pupillen" sichtbar ist.

kann man sogar den Rhythmus seines Herzschlages erkennen.

„Puhh, so kompliziert ist das. Und das wollten die alles in einem Satz erklären. Aber ich denke, jetzt habe ich es kapiert", sagt Paul. „Was ich noch nicht verstanden habe, ist das mit dem Bild auf dem Kopf. Warum sehen wir denn dann nicht alles falsch herum?"

„Ich glaube, ich weiß schon, wo wir nachgucken müssen", antwortet Lena. „Hier hinten gibt es eine Art Verbindung zum Gehirn."

Blinder Fleck

Das muss man haben
Ein Blatt Papier, einen Stift

Das muss man tun
Male einen dicken Punkt und ein Kreuz auf das Blatt Papier: rechts das Kreuz und links den Punkt, mit einem Abstand von ca. 10 cm. Halte das rechte Auge zu und fixiere das Kreuz. Nun bewege das Blatt vor oder zurück, bis der Punkt verschwindet.

Das kann man beobachten
Bei einem Abstand von ungefähr 30 cm wird der Punkt unsichtbar. Das liegt am sogenannten Blinden Fleck. An dieser Stelle trifft der Sehnerv auf die Netzhaut, die dort keine Sehzellen hat. Zum Glück haben wir zwei Augen, die sich gegenseitig ergänzen.

Lena und Paul klettern den Sehnerv entlang. Das Gehirn entpuppt sich als endloses Gewirr aus Zellen, die alle irgendwie miteinander verbunden sind. Es sieht aus wie Kraut und Rüben. Ein totales Durcheinander. „Dass man hier in diesem Chaos geordnet denken kann, kann ich mir gar nicht vorstellen", sagt Lena. „Hier geht es ja drunter und drüber, und alles steht Kopf."

Alle unsere Sinneseindrücke entstehen erst im Gehirn. Das Auge nimmt sozusagen nur den Impuls auf, der im Gehirn mit Erfahrungen, Erinnerungen und Ängsten verknüpft und zu einem Bild zusammengesetzt wird. Da wir wissen, wie die Welt richtig steht und dass zum Beispiel die Dinge nach unten fallen, dreht das Gehirn das Bild der Netzhaut einfach wieder um. Das Bleigießen an Sylvester zeigt uns, wie Gefühle und Erlebnisse unser Sehen beeinflussen. Jeder entdeckt in den Klumpen etwas anderes.

„Das kenn ich", sagt Lena ganz aufgeregt. „Komm, Paul, ich zeig dir mal was. Und außerdem ist es mir hier im Gehirn auch zu unaufgeräumt."

Wahrnehmung

Die Welt im Kopf

Paul und Lena liegen in einer Wiese auf dem Rücken und schauen Wolkenformationen an. „Siehst du das Kamel dort vorbeiziehen?", fragt Lena, große Wüstenliebhaberin. „Ich sehe kein Kamel, oder meinst du den Pinguin da vorne?", antwortet Paul, dessen Leidenschaft schon immer die Antarktis war. „Du immer mit deiner unterkühlten Antarktis", sagt Lena. „Aber das ist genau das, was ich dir zeigen wollte. Jeder sieht das, was er schon kennt oder sich wünscht. Wahrscheinlich gesellt sich bei dir gleich noch ein Eisbär dazu", spottet Lena. „Eisbären sind doch Einzelgänger und außerdem leben sie nur am Nordpol!", erklärt Paul.

„Aber ich sehe einen riesigen Drachen, oder was ist das für ein Monster?" „Ahh, jetzt sehe ich es auch", schreit Lena. „Siehst du auch seine großen Zähne?", fragt Paul. „Ähh, ja." „Und seine fiesen Krallen?" „Ihh, furchtbar. Hör bitte auf, Paul", fleht Lena, „du machst mir ja richtig Angst." Jetzt ist Paul in seinem Element. „Angsthase, Pfeffernase. Dir klappern ja sogar die Zähne und wahrscheinlich hast du einen ganz trockenen Mund." „Wer keine Angst hat, hat keine Fantasie", flüchtet sich Lena ins Philosophische.

Die Welt im Kopf

Angst

Angst fühlen wir, wenn wir mit etwas konfrontiert werden, das uns in irgendeiner Hinsicht als bedrohlich oder gar gefährlich erscheint. Dabei spielt es keine Rolle, ob die Situation wirklich riskant ist oder nicht. Manche Menschen haben Angst vor Hunden, andere vor der Dunkelheit. Oft werden Ängste durch schlechte Erfahrungen ausgelöst. Am besten überwindet man seine Angst, wenn man sich in die „Angstsituation" begibt und sie bewältigt. Das macht stark. Manche Ängste gehören sogar zur Entwicklung eines Kindes dazu. Babys von 6-10 Monaten haben Angst vor Fremden, und drei- bis vierjährige Kinder fürchten sich vor der Dunkelheit und dem Alleinsein.

Angstschweiß, Herzrasen, starrer Blick und weiche Knie – Angst zeigt sich im ganzen Körper. Und das hat auch seine Gründe. Wenn wir Angst haben, werden im Körper Stoffe freigesetzt, die uns ganz aufmerksam machen und zusätzliche Energie geben. Dadurch werden Kinder und Erwachsene hellwach. So kannst du ganz schnell laufen oder mutig stehen bleiben, wenn plötzlich ein großer Hund auftaucht.

„Aha, Angstschweiß,... ich kombiniere. Jetzt weiß ich, warum ihr Jungs immer so viel schwitzt. Ihr habt öfter Angst, als ihr zugebt", punktet Lena. „Ich frage mich, was besser ist: vor Angst zu schwitzen oder sich vor Wolkenmonstern zu fürchten", erwidert Paul.

Angst, Liebe, Neugier sind wie Hunger und Durst allen Menschen bekannt und für unsere Entwicklung wichtig. Neugier lässt uns die unbekannte Welt entdecken, Angst schützt uns vor Überforderung und bringt uns zum Vertrauten zurück. Worte für diese Gefühle finden sich deshalb auch in allen Sprachen der Welt.

WUFF WUFF

WUFF

Die Welt im Kopf

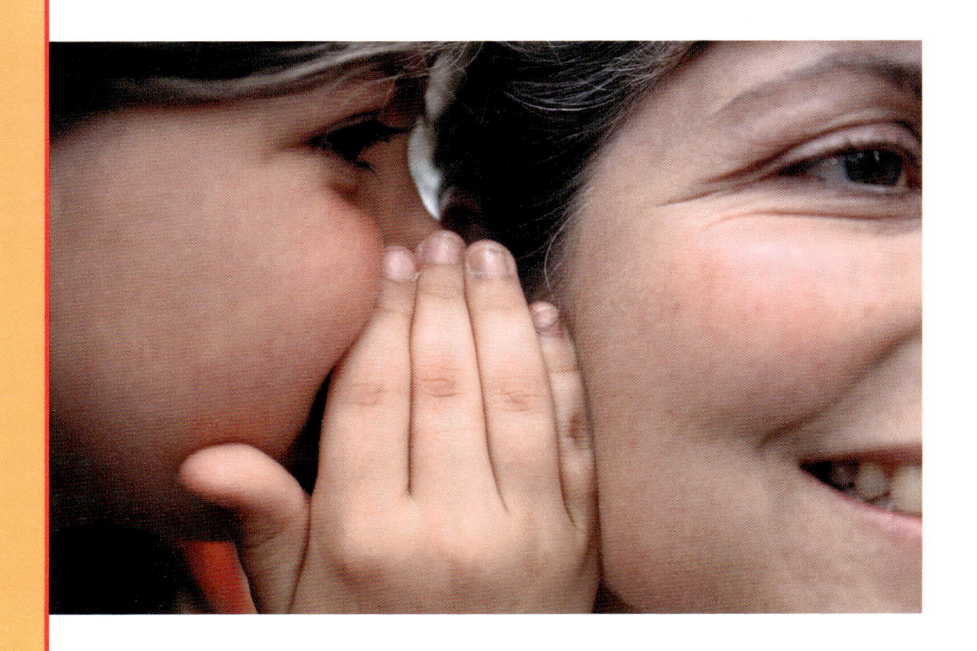

Die Verbindung zur Welt

„*Amore* heißt Liebe auf Italienisch", platzt es aus Lena heraus. „Und *fear* ist Angst auf Englisch." „Ich kann Hunger auf drei Sprachen sagen: *la faim* auf Französisch, *hunger* auf Englisch, *acikti* ist türkischer Hunger. Und außerdem kenne ich noch andere Worte für Hunger auf Deutsch: Schmacht, Appetit, Japp … und Kohldampf." „Irgendwie sieht man an deiner Sprache, wie gefräßig du bist", kommentiert Lena Pauls Ausführungen.

Die Sprachen spiegeln die Gemeinsamkeiten zwischen allen Menschen, aber auch die Besonderheiten der unterschiedlichen Regionen und Lebensbedingungen wider. Ist es für das Leben der Menschen und ihren Alltag wichtig, finden sich immer neue Begriffe für feine Unterschiede. Die Bewohner der Arktis, die das ganze Jahr über in Eis und Schnee leben, haben in ihrer Sprache sehr viele Worte für verschiedene Arten von Schnee. Sie unterscheiden zum Beispiel weichen Schnee von weichem Tiefschnee.

„Wahrscheinlich haben die Menschen in der Wüste auch viele Worte für Sand", bemerkt Lena. „Und bestimmt hören sich die Begriffe ganz geheimnisvoll an. Arabisch ist einfach eine tolle Sprache. Die würde ich auch gerne einmal lernen!"

Wenn Lena tatsächlich einmal Arabisch lernen wollte, dann sollte sie am besten bald damit anfangen. Je jünger man ist, desto besser lernt man, weil das Chaos im Kopf noch nicht so festgelegt ist. Die Verbindungen zwischen den Teilen des Gehirns lassen

Die Verbindung zur Welt

Kommunikation

Das muss man haben

Einen Ordner, verschiedene Bauklötze, alle doppelt, einen Freund

Das muss man tun

Setzt euch gegenüber an einen Tisch. Stellt den Ordner als Sichtschutz in die Mitte. Nun muss einer aus seinen Bauklötzen einen Turm bauen und seinen Turm so erklären, dass der andere ihn nachbauen kann. Sind beide Türme gleich?

Das kann man beobachten

Dinge mit Worten zu beschreiben ist oft viel komplizierter, als sie zu sehen. Mit den Augen können wir viele Eigenschaften gleichzeitig erkennen, Erzählungen lassen uns dagegen Platz für Fantasie.

sich noch besser ausbilden. Kleinkinder beispielsweise lernen alle zwei Stunden ein neues Wort. Je neugieriger man bleibt und je aktiver man sein Gehirn trainiert, desto besser lernt man auch noch im Alter.

„Super, dann werden wir doch am besten Neugierologen", schlägt Paul vor. „Ja, und dann verbringen wir unsere Zeit damit, Fragen zu stellen", ergänzt Lena.

Es ist übrigens sehr interessant, einmal zusammenzurechnen, wie viel Zeit unseres Lebens wir mit manchen Dingen verbringen. Zwölf Jahre unseres Lebens reden wir, dreieinhalb Jahre essen wir und zwei Jahre verbringen wir am Telefon. Wir arbeiten acht Jahre unseres Lebens und schauen zwölf Jahre lang fern. Ein Drittel unseres Lebens verschlafen wir.

„Das sind ja im Durchschnitt wohl so ungefähr genau 25 Jahre, die wir schlafen", staunt Paul. „Mein Vater hat bestimmt schon 35 Jahre seines Lebens verschlafen. Und er behauptet immer, sein Schlafbedürfnis wäre angeboren." „Ob angeboren oder nicht, es gibt ja schließlich auch Wecker. Das solltest du mal deinem Vater sagen", schlägt Lena vor. „Irgendwie kommt es mir sowieso so vor, dass man ganz schön viel Zeit mit langweiligen Dingen verbringt."

Die beiden Forscher wollen jedoch ihre Zeit nutzen und machen sich auf den Weg. Denn eine Expedition liegt ja noch vor ihnen.

Die Verbindung zur Welt

Auf der Expedition KOSMOS wandern Paul und Lena von den größten Weiten des Weltalls bis zu den kleinsten Bausteinen der Materie. Wie ist das Weltall entstanden? Eine Zeitreise bringt die beiden zum Ursprung des Universums, dem Urknall. Wie kommen Wissenschaftler eigentlich auf die Urknalltheorie? Lena und Paul versuchen, deren Ideen zu ergründen. Kannst du sie nachvollziehen?

Die beiden Forscher bewundern den Sternenhimmel. Eine Sternschnuppe erfüllt Lena einen Herzenswunsch. Sie nehmen Lenas Lieblingsstern, die Sonne, unter die Lupe, erkennen gigantische Feuerzungen und ergründen den Sonnenwind. Am Ende ihrer Reise durch die Dimensionen treffen Lena und Paul auf Atome und Moleküle und erfahren, wie Licht entsteht.

Willst du diese spannenden Dinge auch kennen lernen? Dann viel Spaß auf der Expedition Kosmos.

Expedition KOSMOS

Lena und Paul auf der Expedition KOSMOS

Marsmission

Echte Raketen fliegen mit einer Geschwindigkeit von ca. 11 km in der Sekunde. Sie bräuchten von Bremen nach München nur ungefähr eine Minute. Um den Mond zu erreichen, fliegen sie 2 bis 4 Tage. Zum Mars wären die Raketen jedoch schon 6-10 Monate unterwegs. Der Abstand zwischen dem Mars und der Erde schwankt: mal beträgt er 56 Millionen Kilometer, mal ist er fast doppelt so groß. Wären Raketen mit Lichtgeschwindigkeit unterwegs, dann würde eine Reise zum Mars nur 3 bis 6 Minuten dauern.

Der Anfang von Allem

Hast du dir schon einmal überlegt, wie alles in unserem Universum entstanden ist? Seit je haben sich die Menschen Entstehungsgeschichten ausgedacht.
In Asien haben die Menschen gedacht, dass alles in einem Ei entstanden ist. Eine Hälfte des Eis wurde zum Himmel, die andere zur Erde.
In Nordeuropa glaubte man, dass aus Norden und Süden und dem Dazwischen der gesamte Kosmos wurde. Der Norden war das Land des Eises, der Süden das Land des Feuers.

Luftballonrakete

Das muss man haben

Ein Stück Schnur, einen Strohhalm, einen Luftballon und etwas Klebeband

Das muss man tun

Fädle die Schnur durch den Strohhalm und spanne sie. Das geht zum Beispiel ganz einfach zwischen zwei Stühlen. Blase nun den Luftballon auf, aber verknote ihn nicht, sondern halte die Öffnung mit den Fingern geschlossen. Jetzt musst du nur noch deinen Luftballon mit dem Klebeband an den Strohhalm kleben und loslassen.

Das kann man beobachten

Die Luft im Ballon strömt aus der Öffnung heraus und drückt ihn in die entgegengesetzte Richtung. Der Strohhalm und das Seil halten die Luftballonrakete auf der Bahn. Du kannst den Versuch auch ohne Strohhalm und Seil durchführen. Weißt du, was dann passiert?

Heute gehen die meisten Wissenschaftler davon aus, dass das gesamte Universum aus einem winzigen, unvorstellbar heißen Punkt durch eine riesige Explosion entstand: dem Urknall. Seitdem dehnt sich das Universum aus und wird immer kälter.

„Eigentlich finde ich alle drei Geschichten gleich unvorstellbar", sagt Lena. „Aber mich würde schon interessieren, wie das mit dem Urknall genau gewesen sein soll und wie die Wissenschaftler darauf kommen."

Lena und Paul begeben sich auf eine Zeitreise, um Antworten auf diese Fragen zu finden.

„5, 4, 3, 2, 1, und los!"
Beim Countdown zu ihrer Reise ist Paul und Lena schon etwas mulmig zumute. Wo es wohl hingeht? Mit Überlichtgeschwindigkeit rasen sie durch den Weltraum und entfernen sich immer weiter von der Erde: durch das Sonnensystem, am Zentrum der Milchstraße vorbei, durch den leeren Raum bis zu den fernsten Galaxien.

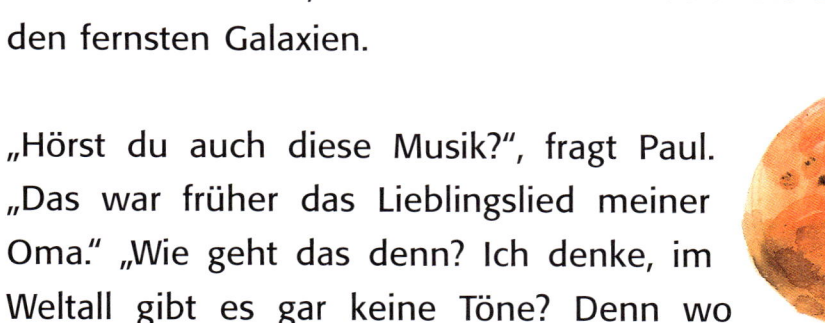

„Hörst du auch diese Musik?", fragt Paul. „Das war früher das Lieblingslied meiner Oma." „Wie geht das denn? Ich denke, im Weltall gibt es gar keine Töne? Denn wo keine Luft ist, die den Schall transportiert, kann man auch nichts hören, dachte ich."

Der Anfang von Allem

Die Reise von Lena und Paul ist nicht nur ein Ausflug zu fernen Galaxien, sondern auch eine Reise durch die Zeit. Nichts ist schneller als Licht. Da man die Geschwindigkeit von Licht kennt, kann man ganz genau ausrechnen, wie weit sich zum Beispiel der Schein des letzten Sylvesterfeuerwerks von der Erde entfernt hat. Wie Wasserwellen auf einem See von einem Steinwurf zeugen, breiten sich Lichtwellen in alle Richtungen gleichmäßig aus. Das gilt auch für Radiowellen. Paul und Lena reisen mit Überlichtgeschwindigkeit. Daher holen sie die Zeichen der Vergangenheit auf ihrem Weg wieder ein.

„Aha, deswegen spielte das Bordradio diese Elvis-Schnulze aus Omas Zeiten", bemerkt Paul. „Ach so, die Musik kam aus dem Radio. Die Radiowellen stört die Leere im Weltall wenig. Gut, dass Luft in der Rakete ist."

Der Anfang von Allem

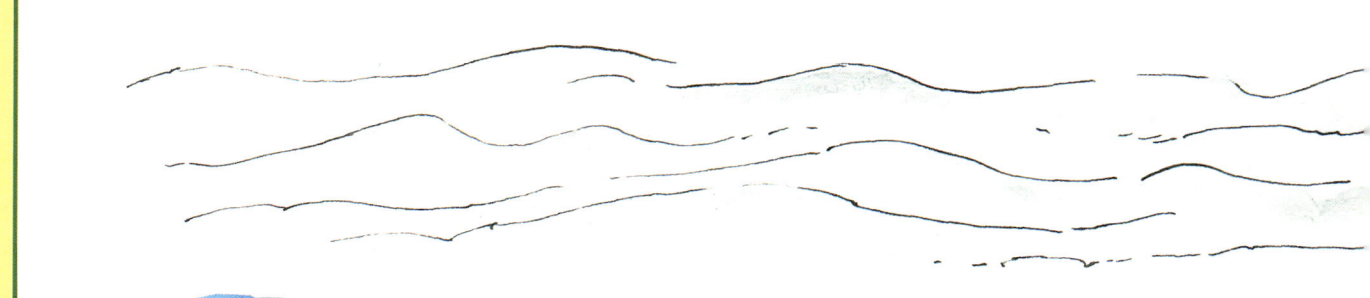

„Schau mal raus!", ruft Lena, „jetzt lösen sich die ganzen Galaxien auf und es wird neblig. Und alles rast aufeinander zu." Schwupps, alles ist weg! Ein kleiner, heller Punkt, dann nichts. „Und was war das jetzt?", fragt Paul. „Na, das war wohl der Urknall rückwärts!", erklärt Lena. „Und aus diesem Nichts soll alles entstanden sein? Ich kann's mir immer noch nicht vorstellen. Wie kommen Wissenschaftler eigentlich auf so was?"

Zum einen können Wissenschaftler aus dem Licht der verschiedenen Himmelskörper schließen, dass sie sich alle von uns wegbewegen. Wenn man sich das rückwärts vorstellt, dann vereint sich alles in einem Punkt. Zum anderen lässt sich die Ausdehnung des Universums auch theoretisch berechnen.

„Können die Theoretiker auch berechnen, wo der Urknall stattfand?", fragt Paul. Der Urknall fand nicht an einem bestimmten Ort im Raum statt, sondern der gesamte Raum dehnte sich mit aus. Alles war zusammengepresst, eben auch der Raum. Du kannst dir das vorstellen wie einen unaufgeblasenen Luftballon mit ganz vielen Punkten. Bläst du den Luftballon auf, bewegen sich nicht die Punkte auf der Gummioberfläche, sondern der ganze Ballon dehnt sich aus. Damit werden auch die Abstände zwischen allen Punkten größer und keiner der Punkte ist der Ausgangspunkt. Kapiert?

„Na ja, wirklich verstehen kann ich es nicht", meint Lena, „aber ich kann's mir so ungefähr vorstellen."

Der Anfang von Allem

112

Die Weiten des Weltalls

„Puh, ich bin heilfroh, von der Zeitreise zurück zu sein. Ich fühle mich ganz schön durchgenudelt", seufzt Paul total erschöpft. „Überlichtgeschwindigkeit, Vergangenheit, die sich ausbreitet, und irgendwelche mathematischen Theorien. Das war mir doch ein bisschen zu fern. So ein Sternenhimmel ist mir doch viel näher. Guck mal, wie toll das aussieht. Überall diese funkelnden Sterne, große und kleine, manchmal stehen sie ganz nah beieinander und manchmal ganz alleine. Und mit etwas Fantasie kann ich sogar die Sternbilder erkennen." „Ja, den

Die Weiten des Weltalls

Großer Wagen

Den Großen Wagen findet man immer in grob nördlicher Richtung, nur dass er je nach Jahreszeit mal auf dem Kopf steht und mal nicht. Er ist einer von den wenigen Sternbildern, die das ganze Jahr über zu sehen sind. Die Sterne eines Sternbildes stehen nur von der Erde aus gesehen eng nebeneinander. In Wirklichkeit haben sie nichts miteinander zu tun und haben auch ganz unterschiedliche Entfernungen zur Erde. Uns erscheinen sie aber wie eine Gruppe von Sternen, weil wir die Tiefe des Weltraums mit unseren Augen nicht wahrnehmen können.

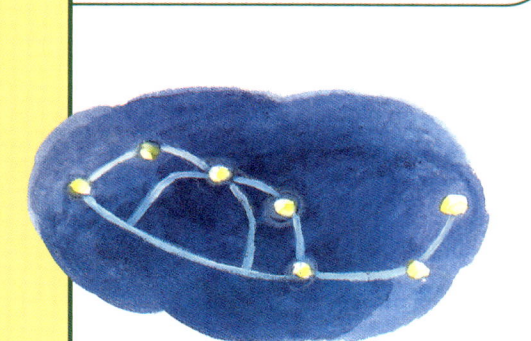

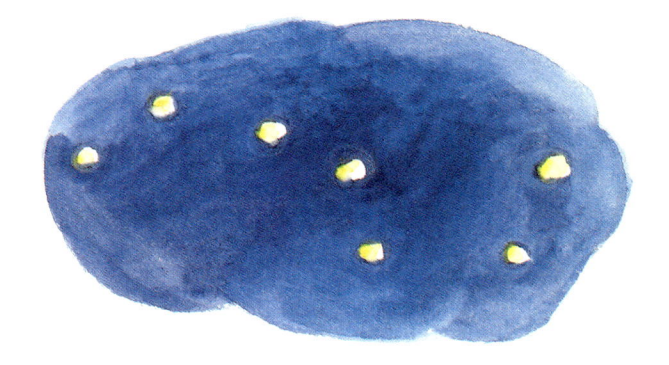

Großen Wagen kenne ich auch", bemerkt Lena, „den kennt ja jeder. Guck, da drüben ist er!" „Wieso soll das eigentlich ein Wagen sein?", fragt Paul. „Der hat ja gar keine Räder! Ich finde, es sieht eher aus wie eine Suppenkelle." „Oder wie eine Schirmmütze", schlägt Lena vor. „Da muss man die Sterne nur anders verbinden, wie beim Malen nach Zahlen."

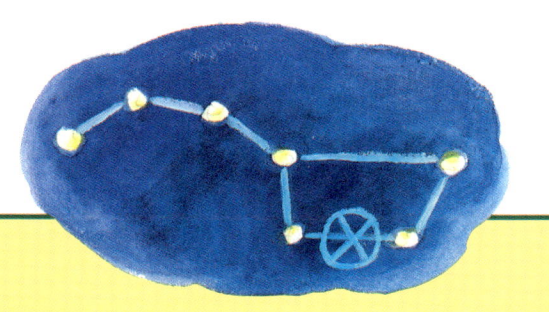

„Das Schönste am Sternenhimmel ist, wenn man Glück hat und eine Sternschnuppe sieht!", wirft Paul ein. „Am meisten Glück hast du im August", weiß Lena. „Wieso im August?", fragt Paul. „Im August gibt es besonders viele Sternschnuppen." „Das glaube ich nicht. Ich denke, im August bist du nur häufiger nachts draußen, weil es dann so schön warm ist. Und deshalb siehst du natürlich auch mehr Sternschnuppen."

Wahrscheinlich stimmt beides. Jedes Jahr im August kreuzt die Erde auf ihrer Umlaufbahn eine Staubspur. Dann rasen viele Staubkörner mit großer Geschwindigkeit in die Atmosphäre. Sie heizen sich durch Reibung mit der Luft so stark auf, dass sie verglühen. Dieses Glühen sehen wir nachts als Sternschnuppe über den Himmel huschen.

Sternrohr

Das muss man haben
Eine Klopapierrolle, etwas dunkles (z.B. schwarzes, dunkelblaues, violettes) Transparentpapier, etwas Klebeband und eine Nadel

Das muss man tun
Klebe mit dem Transparentpapier eine Öffnung der Klopapierrolle zu. Jetzt kannst du mit der Nadel kleine Löcher ins Transparentpapier stechen. Halte nun dein Sternrohr ins Licht und schaue durch. Erkennst du ein Sternbild?

Das kann man beobachten
Seit je haben die Menschen die Sterne am Himmel zu Bildern gruppiert, ihnen Namen gegeben und sich Geschichten dazu erdacht. Fällt dir eine Geschichte zu deinem Sternbild ein?

Sternenhimmel

Alles, was wir am Nachthimmel als hellen Punkt sehen, bezeichnen wir erst einmal als Stern. Allerdings sind nicht alle dieser Punkte wirklich Sterne. Auch unsere Nachbarplaneten leuchten am Nachthimmel hell. Sie verändern aber ständig ihre Lage und leuchten nicht selber, sondern werden nur von der Sonne angestrahlt. Planeten anderer Sterne können wir nicht sehen.

Einige helle Punkte am Himmel sind in Wirklichkeit ganze Galaxien, die ihrerseits aus Millionen von Sternen bestehen. Sie sind so weit entfernt, dass ihre Vielzahl von leuchtenden Sternen mit dem bloßen Auge wie ein einziger Lichtpunkt erscheint.

„Ja klar, Reibung erzeugt Wärme", sagt Paul und reibt sich die Hände. „Ah, da ist eine Sternschnuppe", freut sich Lena. „Hast du dir was gewünscht?", fragt Paul. „Aber hallo", antwortet Lena. „Eigentlich darf ich es dir nicht sagen. Aber heute mache ich mal eine Ausnahme. Ich habe mir gewünscht, meinen Lieblingsstern aus der Nähe zu betrachten."

„Was ist denn dein Lieblingsstern?" „Die Sonne", schwärmt Lena. Paul kommt ins Grübeln: „Ist die Sonne überhaupt ein Stern?"

Das Licht der Sonne

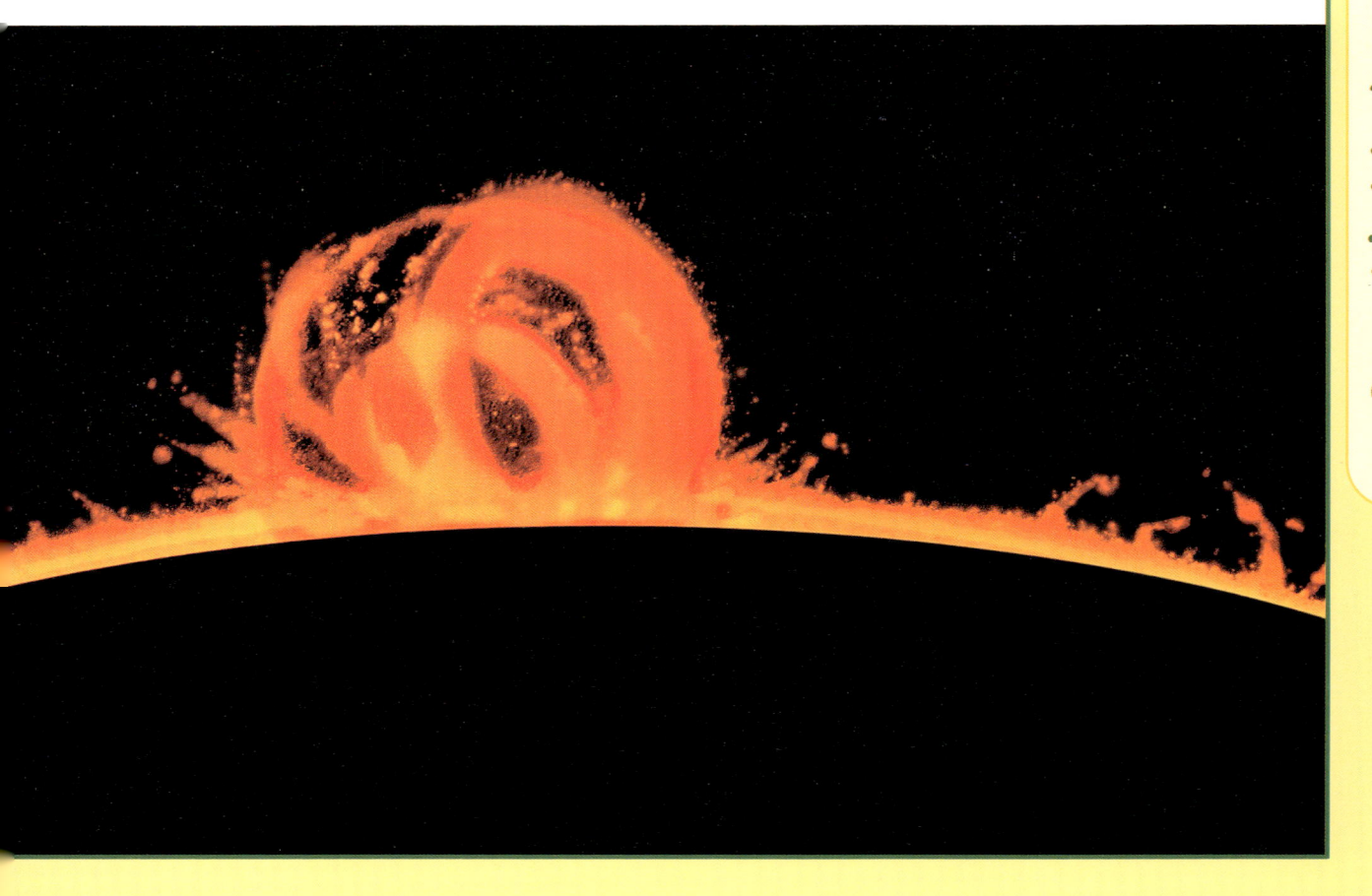

Die Sonne ist der zentrale Stern unseres Sonnensystems. Alle Himmelskörper, die von sich aus leuchten, nennt man Sterne. Sie leuchten, weil in ihrem Inneren ständig Atome verschmelzen und andere Atome entstehen. Dabei wird so viel Energie frei, dass es unglaublich warm wird. Im Inneren der Sonne herrscht eine Temperatur von 15 Millionen Grad. Diese gewaltigen Energiemengen stößt die Sonne in den Weltraum hinaus: zum größten Teil als Sonnenstrahlen, manchmal aber auch als Sonnenwind. Der Sonnenwind besteht aus kleinsten Teilchen, die die Sonne in den Weltraum schleudert. Sie tut das nicht immer, aber wenn, dann ist es ein schönes Naturschauspiel. Findest du auch, dass es aussieht wie Feuerzungen und Glutfontänen?

„Und die Sonnenwinde können auch ganz schön gefährlich sein", sagt Lena. „Besonders für Astronauten, wenn sie ihr abgeschirmtes Raumschiff verlassen. Auch die Erde hat eine Abschirmung. Trotzdem bringen starke Sonnenwinde unsere Technik manchmal ganz schön durcheinander. Handys und Funkgeräte fallen aus, elektrische Garagentüren gehen einfach auf und Computer werden gestört." „Woher

Sonnenwind

Gelegentlich stößt die Sonne gigantische bogenförmige Flammen aus, die sogenannten Protuberanzen. Sie sind riesige Fontänen von Wasserstoff, die um ein Mehrfaches größer sein können als der Durchmesser der Erde.
Bei diesen Ausbrüchen gibt die Sonne auch viele geladene Teilchen ab und sorgt für besonders starken Sonnenwind auf der Erde. Das Magnetfeld der Erde wird zwar durch diesen Sonnenwind verformt, trotzdem schützt es aber die Erde, indem es die Teilchen zu den Polen hin ablenkt. Erst dort erreichen sie die Atmosphäre und bringen Luftmoleküle zum Leuchten. Es entstehen wunderschöne Polarlichter.

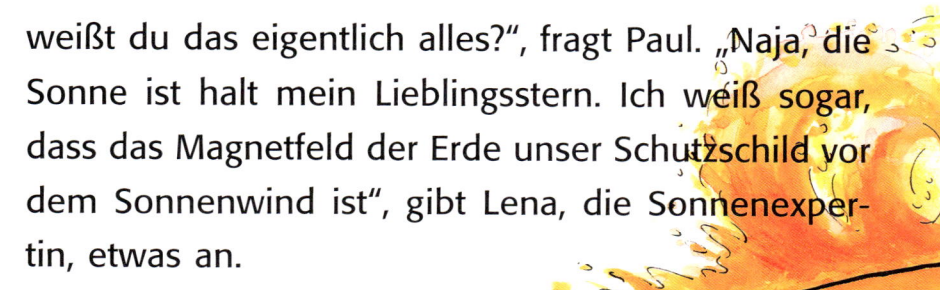

weißt du das eigentlich alles?", fragt Paul. „Naja, die Sonne ist halt mein Lieblingsstern. Ich weiß sogar, dass das Magnetfeld der Erde unser Schutzschild vor dem Sonnenwind ist", gibt Lena, die Sonnenexpertin, etwas an.

Das Licht der Sonne

„Und vor den Sonnenstrahlen schützt uns Sonnencreme", bemerkt Paul.

Die Sonnenstrahlung setzt sich aus ganz verschiedenen Arten von Licht zusammen. Das ultraviolette Licht können wir nicht sehen, es ist aber das gefährliche Licht für unsere Haut. Mit Hilfe von Sonnenmilch kann dieses UV-Licht reflektiert werden.

Der für uns sichtbare Teil des Sonnenlichts erscheint uns weiß. Weißes Licht ist aber eine Mischung ganz unterschiedlicher Farben. Im Sonnenlicht steckt zum Beispiel rotes, orangenes, gelbes, grünes, blaues und violettes Licht.

„Das ist ja wie beim Regenbogen!", ruft Paul. „Dort wird das weiße Licht in ganz viele unterschiedliche Farben zerlegt." „Und wer zerlegt da das Licht?", fragt Lena. „Das machen die Regentropfen", weiß Paul. „Ich habe mal im Garten mit einem Wasserschlauch gespritzt und dann einen ganz tollen Regenbogen gesehen. Der war sogar ein kompletter Kreis."

Das Licht der Sonne

Aus weiß mach bunt

Das muss man haben
Ein Waschbecken, einen kleinen Spiegel, eine Taschenlampe

Das muss man tun
Fülle das Waschbecken mit Wasser. Halte den Spiegel mit einer Hand schräg in das Wasser. Mit der anderen Hand musst du mit der Taschenlampe den Spiegel beleuchten. Suche die bunten Reflexionen an der Wand. Vielleicht musst du etwas mit dem Spiegel und der Lampe tricksen.

Das kann man beobachten
Das weiße Licht der Taschenlampe wird an der Wasseroberfläche gebrochen und spaltet sich dabei in seine Farben auf.

Licht breitet sich ähnlich wie eine Welle auf dem Wasser aus, nur wesentlich schneller, nämlich mit Lichtgeschwindigkeit. Und die ist unfassbar groß: sage und schreibe 300 Millionen Meter in der Sekunde! Das Licht ist so schnell, dass es, wenn es könnte, in einer Sekunde acht mal um die Erde herumzischen würde. Die unterschiedlichen Farben gibt es, weil diese Lichtwellen unterschiedlich viele Wellenberge haben.

„Das ist ja wie beim Baden am Nordseestrand", meint Lena. „An manchen Tagen kommt ständig eine Welle auf einen zu und man hat kaum Zeit, Luft zu holen, und an einem anderen Tag wartet man wieder ewig bis zur nächsten Welle."

Die unterschiedlichen Lichtwellen werden an der Grenze zu Wasser, Glas oder anderen durchsichtigen Sachen umgelenkt. Wie stark, das hängt von der Farbe ab. Feine Regentropfen in der Luft können deshalb dazu führen, dass das weiße Sonnenlicht in einzelne Farben aufgespalten wird und ein spektakulärer Regenbogen am Himmel erscheint.

Sonnenlicht

Das Licht der Sonne besteht aus sichtbarem Licht und anderer elektromagnetischer Strahlung. Diese Strahlung ist wellenförmig und jeder Typ hat eine bestimmte Wellenlänge. Wenn die Wellenlänge sehr klein ist, spricht man z.B. von Röntgenstrahlung. Danach kommt die UV-Strahlung. Sichtbares Licht hat Wellenlängen zwischen 300 und 700 Millionstel Millimetern. Oberhalb des sichtbaren Bereichs kommt dann das Infrarotlicht und dann kommen die Mikrowellen und Radiowellen. Eines haben alle Arten der elektromagnetischen Strahlung gemeinsam: Sie breiten sich mit Lichtgeschwindigkeit aus.

Das Licht der Sonne

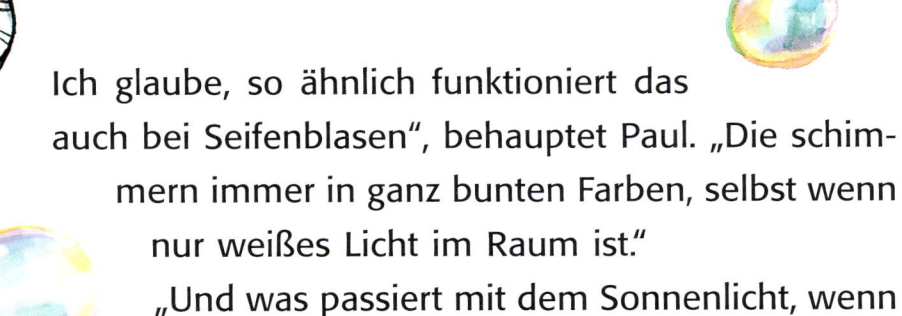

Ich glaube, so ähnlich funktioniert das auch bei Seifenblasen", behauptet Paul. „Die schimmern immer in ganz bunten Farben, selbst wenn nur weißes Licht im Raum ist."

„Und was passiert mit dem Sonnenlicht, wenn es mal nicht auf Regentropfen oder Seifenblasen fällt, sondern die Erde direkt trifft?", fragt Lena. „Naja, dann wird es von der Erde reflektiert", sagt Paul, „wie von einer Wasseroberfläche zum Beispiel. Das gibt dann dieses tolle Glitzern, das einen richtig blendet." „Sonnenlicht wird aber auch geschluckt", sagt Lena, „sonst würde die Nordsee im Sommer ja gar nicht wärmer werden."

Ohne die Sonne wäre die Erde nicht nur farblos, sondern auch öde und kalt. Die Energie des Sonnenlichtes geht nie verloren. Ein Teil wird an der Erdoberfläche in Wärme umgewandelt, ein anderer Teil wird von den Pflanzen zum Wachstum genutzt. Und sogar wir Menschen nutzen die Sonnenenergie für Strom- und Wärmegewinnung. Keine Energie geht je verloren.

Himmelblau und Sonnenuntergang

Das muss man haben
Ein Glas Wasser, etwas Milch und eine Taschenlampe

Das muss man tun
Gib ein paar Tropfen Milch in das Wasserglas. Leuchte mit der Taschenlampe von oben in das Glas. Was erkennst du von der Seite?
Hebe nun das Glas hoch und schaue von unten hinein. Siehst du die rote untergehende „Sonne"?

Das kann man beobachten
Das Licht der Taschenlampe wird an den Milchtröpfchen gestreut. Der blaue Teil wird sehr stark abgelenkt, der rote Anteil weniger. Schaust du seitlich ins Glas, erkennst du nur den abgelenkten Anteil des Lichts. Das milchig trübe Wasser erscheint bläulich. Durch das Glas hindurch kommt nur der rote Anteil des Lichts. Ganz ähnlich entsteht das Himmelsblau und der rote Sonnenuntergang.

Kräfte der Erde

„Also morgens fehlt mir aber die gesamte Energie", bemerkt Paul. „Da bin ich immer so saft- und kraftlos und komme gar nicht richtig aus dem Bett."
„Warum baust du dir dann nicht eine Aus-dem-Bett-katapultier-Maschine?", schlägt Lena vor. „Au ja!" Paul ist begeistert. „Die katapultiert mich dann direkt an den Frühstückstisch, wo die abends programmierte Tisch-deck-Maschine schon ein superleckeres

Frühstück bereitgestellt hat. Das Marmeladenbrötchen wurde mir bereits von der Brot-beleg-Maschine geschmiert und den Eier-köpf-Apparat müsste ich nur noch einschalten", fantasiert Paul. „Aber essen könntest du noch alleine? Oder bräuchtest du noch eine Runterschluck-Hilfe?", erkundigt sich Lena. „Ach, das kriege ich gerade noch hin."

Kräfte der Erde

Zauberkiste

Das muss man haben

Eine Schachtel (z.B. von der Zahnpasta), einen Stein, Klebeband

Das muss man tun

Zuerst musst du die Schachtel öffnen und innen an einem Ende den Stein mit dem Klebeband befestigen. Verschließe nun die Schachtel wieder. Schiebe die Schachtel langsam zur Tischkante. Wie weit kannst du schieben, bis sie fällt?

Das kann man beobachten

Die stabile Lage der Schachtel hängt nur von ihrem Schwerpunkt ab. Durch den Stein ist der Schwerpunkt zur Seite verschoben.

Pauls und Lenas Fantasie ist gar nicht so unrealistisch. Kräfte lassen sich aufteilen und übertragen, umwandeln und ausrichten. Durch Tüfteln kann man die erstaunlichsten Probleme lösen. Mit einem Flaschenzug zum Beispiel kann man Kräfte geschickt aufteilen. So kann man schwere Dinge und sogar sich selbst in die Luft ziehen.

„Komm, lass uns das mal testen!", schlägt Paul vor. Die beiden klettern auf das Sitzbrett und ziehen los. Und tatsächlich: nach kurzem Ziehen heben sie ab. „Unglaublich, das geht ja wirklich! Wir ziehen uns gerade selbst in die Luft", sagt Lena fasziniert. „Aber, das ist ja komisch. Wir müssen ja meterweise am Seil ziehen, um einige Zentimeter höher zu kommen." „Du übertreibst ja, aber mir kommt es auch so vor, als wenn wir, für eine bessere Aussicht, ziemlich lange ziehen müssen", bemerkt Paul.

Paul und Lena haben das richtige Gefühl. Der Flaschenzug ist so konstruiert, dass die Kraft, mit der am Seilende gezogen werden muss, verringert wird. Das machen die losen, unteren Rollen des Flaschen-

Kräfte der Erde

zuges. Dafür wird der Weg aber länger. Deshalb müssen Lena und Paul sehr viel Seil durch den Flaschenzug ziehen, um Höhe zu gewinnen.

„Ist das so ähnlich, wie wenn man in den Bergen nicht den kurzen, steilen Weg wählt, sondern gemütlich über die Serpentinen den Gipfel erreicht?"

Ja genau. Und wieder steckt eigentlich die Energieerhaltung dahinter. Um einen Berg zu erklimmen oder um etwas in die Höhe zu ziehen, ist immer die gleiche Energie nötig. Entweder braucht man sehr viel Kraft für einen kurzen Weg, oder man erreicht das Ziel über einen Umweg und schont seine Kräfte.

Fliehkraft

Schleudern wir einen Gegenstand an einem Seil durch die Luft, so spannt sich das Seil und der Gegenstand führt eine Drehbewegung durch. Die Kraft, die den Gegenstand nach außen treibt und dazu führt, dass sich das Seil spannt, nennt man Fliehkraft. Diese Kraft erfahren wir beispielsweise im Karussell. Zusätzlich wirkt eine andere, gleich große, jedoch genau entgegengerichtete Kraft. In unserem Beispiel wird diese Kraft durch das Seil geleistet. Reißt das Seil oder lassen wir es los, gewinnt die Fliehkraft und der Gegenstand fliegt tangential weg.

Die aufgebrachte Energie ist dann sozusagen in der Höhe gespeichert. „Uiih, Paul. Jetzt bitte nicht das Seil loslassen, sonst rasen wir ungebremst mit unserer gesamten, gemeinsamen Energie auf den Boden."

Die Energieerhaltung hat auch noch andere erstaunliche Auswirkungen, zum Beispiel beim Pirouetten-Drehen. Verändert man beim Drehen auf dem Eis, auf dem Spielplatz-Karussell oder auf dem Schreibtischstuhl die Position seiner Arme oder Beine, dann verändert sich auch die Drehgeschwindigkeit. Mit ausgestreckten Armen und Beinen dreht man sich viel langsamer, als wenn man sie einzieht.

Kräftekampf

Das muss man haben

Einen Joghurtbecher, einen Nagel, einige Steine, zwei Klebefilmrollen und eine Schnur

Das muss man tun

Bohre mit dem Nagel vier Löcher in das obere Ende des Joghurtbechers und binde die Schnur daran. Ziehe die Schnur durch einen Klebebandring und knote den zweiten am anderen Ende fest. Stelle den Becher auf einen Tisch und belade ihn mit ein paar Steinen. Halte den losen Ring fest und bringe den anderen Ring zum Rotieren. Was passiert, wenn du immer schneller wirst?

Das kann man beobachten

Je schneller du drehst, desto stärker wird die Fliehkraft, die den rotierenden Ring nach außen zieht. Diese Kraft zieht den Joghurtbecher nach oben. Die Fliehkraft kämpft gegen die Schwerkraft. Findest du den Punkt, an dem beide Kräfte gleich groß sind?

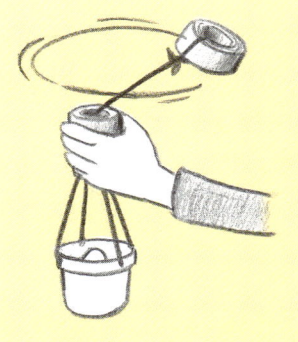

„Funktioniert das auch mit ausgestreckter Zunge?", fragt Paul. „Probiere es doch aus! Viel kann das jedoch nicht ausmachen, glaube ich. Du wirst es wahrscheinlich nicht spüren, aber man kann es bestimmt berechnen", antwortet Lena.

Ob beim Doppelpass, Fahrradfahren oder Kugelstoßen – immer steckt die Energieerhaltung dahinter. Selbst wenn sich scheinbar nichts mehr bewegt, sind die Moleküle und Atome in Bewegung und die Energie hat sich in Wärmeenergie umgewandelt.

„Wenn ich das richtig verstehe, ist Wärme Bewegung von kleinen Teilchen?", fragt Lena. „Das will ich aber genau wissen", meint Paul. „Komm, das schauen wir uns mal an."

Die Welt des Kleinsten

„Das ist ja richtig gefährlich hier. Überall fliegen diese Teilchen kreuz und quer. Manchmal prallen sie sogar aneinander und katapultieren sich in verschiedene Richtungen auseinander. Irgendwie komme ich mir vor wie auf dem Jahrmarkt, beim Autoscooter. Und wenn es heißer hergeht, werden alle immer schneller."

Die Welt des Kleinsten

Wärme kann man sich wirklich als Geschwindigkeit der kleinsten Teilchen vorstellen. Je größer die Temperatur ist, desto schneller bewegen sie sich. Ist es kalt, werden sie langsamer. Mit dieser Vorstellung kann man auch verstehen, dass sich Dinge ausdehnen, wenn sie warm werden: Die Teilchen boxen sich den Platz gewissermaßen frei. Probiert das mal mit einem Luftballon aus. Legt ihn aufgeblasen in das Gefrierfach und schaut nach ein paar Stunden nach.

„Ah, ich kann mir vorstellen, was passiert. Ich kenne das nämlich von meinem Fahrrad. An heißen Tagen sind die Reifen richtig prall und an kalten eher platt", meint Lena.

Paul hat langsam die Nase voll von den vielen umherschwirrenden Teilchen. Gerade hat ihn doch tatsächlich eine Kugel direkt am Kopf getroffen. „Au, das tat ja richtig weh", sagt Paul. „Sei froh, dass die Teilchen nicht eckig sind, sonst hättest du jetzt ein Loch im Kopf", bemerkt Lena. „Wieso sind das eigentlich Kugeln?", fragt Paul. „Ich stelle mir Atome und Moleküle ganz anders vor: Wirklich eckig nämlich, so ähnlich wie klitzekleine Legosteine. Die lassen sich gut zusammenbauen und kombinieren. Und die unterschiedlichsten Dinge entstehen: Ritterburgen, Flugzeuge oder Dinosaurier."

Die Welt des Kleinsten

135

Meine Atome sind eher so wie kleinste Wassertropfen, die flüssig sein können, aber auch in jeder Form gefrieren.
Und wenn es ganz heiß ist, dann verdunsten sie und sind gasförmig."

Da man Atome nicht sehen kann und die Wissenschaftler zunächst sehr wenig über sie wussten, wählten sie in ihrer Vorstellung die einfachste Form: eine Kugel.

„Oh, wie langweilig. Ich glaube ja nicht, dass die Natur so fantasielos ist", meint Paul.

Zu allen Zeiten haben sich die Menschen Vorstellungen zu den kleinsten Bausteinen gemacht. Bereits vor 2500 Jahren dachte man, dass die kleinsten Teilchen Würfel, Pyramiden oder Kugeln mit

Haken und Ösen wären. Harte und scharfe Gegenstände würden dabei von den kantigen Würfeln und Pyramiden gebildet.

Die Vorstellungen von den kleinsten Teilchen haben sich daraufhin immer wieder verändert. Je besser die Experimente wurden, mit denen man den Atomen auf die Schliche kommen wollte, desto komplizierter wurden die Atommodelle. Als man die Elektrizität entdeckte, wusste man schon, dass die Atome nicht die kleinsten Teilchen sind. Die Welt setzte sich nun aus einer positiv geladenen Masse und kleinen, negativ geladenen Elektronen zusammen. Atome sahen jetzt plötzlich aus wie Rosinenkuchen, Wassermelonen mit Kernen oder Erdbeeren.

Die Welt des Kleinsten

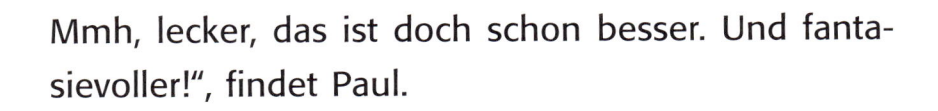

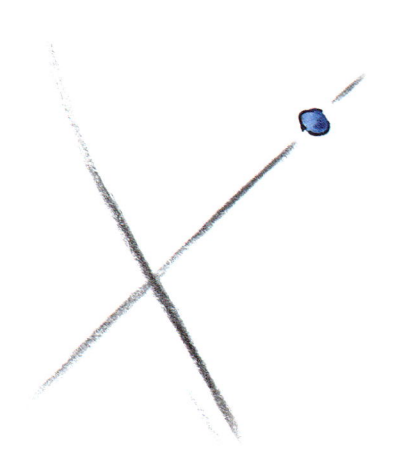

Mmh, lecker, das ist doch schon besser. Und fantasievoller!", findet Paul.

Aber auch Protonen und Elektronen blieben nicht lange alleine. Bald gesellten sich die Neutronen dazu. Und auch die leckeren Vergleiche reichten jetzt nicht mehr aus. Mit ihnen konnte zum Beispiel nicht erklärt werden, warum Atome aus sehr viel leerem Raum bestehen. Ein neues Modell verglich sie daher mit Planetensystemen. Wie die Planeten um die Sonne sollten die Elektronen um den Kern kreisen. Lena und Paul schauen sich das mal aus der Nähe an.

Atomvorstellungen

Atome sind so klein, dass wir sie auch mit den allerbesten Apparaten nicht sehen können. Experimente geben uns jedoch Hinweise über Eigenschaften von Atomen. So entstehen Vorstellungen von Atomen, die diese Eigenschaften erklären. Als Wissenschaftler durch Experimente feststellten, dass Goldatome durchlässig für Protonen sind, entstand die Vorstellung vom leeren Atom: Ein Atom besitzt in der Mitte einen kleinen Kern und eine große Hülle. Diese Hülle ist mehr als 100 000 mal größer als der Kern und eigentlich leer.

Die Welt des Kleinsten

139

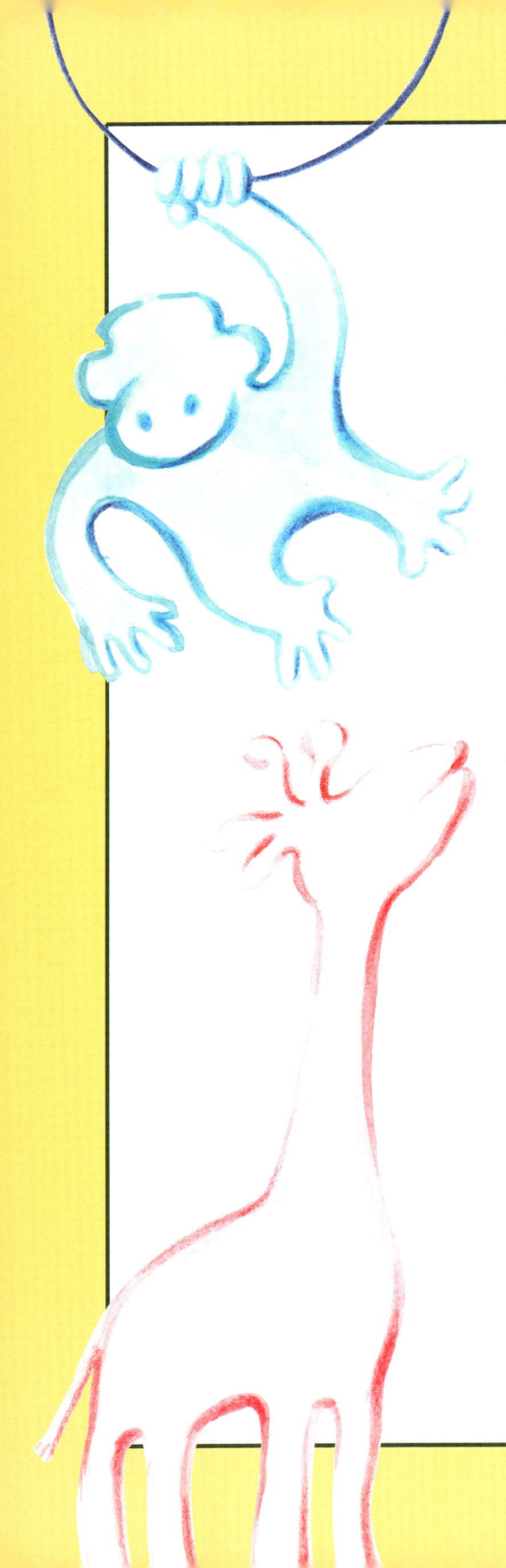

„Vorsicht, Lena, da kommt ein Elektron vorbeigezischt. Du stehst direkt auf seiner Bahn. Geh einfach ein Stück zur Seite. Es scheint die Bahn nie zu verlassen."

„Hups, jetzt hat es doch die Bahn verlassen und ist eine weiter nach außen gehüpft", bemerkt Lena. „Meinst du, das hat etwas mit dem Blitz zu tun, der hier gerade eingeschlagen ist?", fragt Paul. „Keine Ahnung, lass uns warten und beobachten."

Paul und Lena legen sich auf die Lauer. Und tatsächlich, nach kurzer Zeit hüpft das Elektron in seine ursprüngliche Bahn zurück und das Atom leuchtet kurz auf.

„Hast du das auch gesehen?", fragt Lena. „Das Atom hat Licht ausgesendet." „Ja. Das habe ich doch geahnt, dass das Hüpfen was mit den Blitzen zu tun hat. Ach quatsch, nicht geahnt. Ich hab's berechnet.

So ungefähr genau."

Auch Neutronen und Protonen blieben nicht die kleinsten Teilchen. Stattdessen spricht man heute von sechs verschiedenen Quarks. In unterschiedlichen Kombinationen bilden sie Neutronen, Protonen, Mesonen und Bosonen. Und dann gibt es noch die Pionen und Kanonen, die Baryonen und Gluonen. Die Wissenschaftler sprechen von einem richtigen Teilchenzoo.

„Gibt es auch Giraffonen und Schimpansonen, Löwonen und Kamelonen?", fragt Lena.
Paul antwortet: „Wer weiß, wenn die Wissenschaftler immer weiterrechnen, finden die bestimmt noch die erstaunlichsten Dinge. Vielleicht wirst du mit deiner schönen Vorstellung dann sogar noch richtig berühmt."

Hier oder in einem anderen Universum.

Die Welt des Kleinsten

Unsere Reisefotos

Expedition ERDE

Seite 14	Mitmach-Station im Universum: „Magnet Erde"
Seite 19	Gestein aus dem Erdmantel: Peridotit
Seite 22	Mitmach-Station im Universum: „Pulsierendes Magma"
Seite 23	Eruption auf Hawaii
Seite 25	Mitmach-Station im Universum: „Feuergürtel"
Seite 26	Mount Rainier
Seite 29	Lavastrom auf Hawaii
Seite 30	Aa-Lava
Seite 32	Pahoehoe-Lava
Seite 40	Schale einer Foraminifere
Seite 42	Inszenierung im Universum: „Schwarzer Raucher"
Seite 43	Schwarzer Raucher im Atlantik
Seite 46	Sich schlängelnder Fluss in der Schweiz
Seite 47	Rippeln am Nordseestrand
Seite 49	Wasserfall in Kalifornien
Seite 50	Wüste in Tunesien
Seite 51	Antarktis
Seite 57	Tornado

Expedition MENSCH

Seite 63	Fötus, mit Nabelschnur spielend
Seite 64	Inszenierung im Universum: „Gebärmutter"
Seite 73	Mitmach-Station im Universum: „Gong"
Seite 74	Ohrmuschel
Seite 75	Fledermaus im Nachtflug

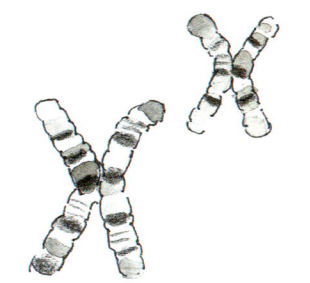

Seite 80	Nahaufnahme der menschlichen Haut
Seite 84	Zunge und Nase des Menschen
Seite 86	Ein blauer Himmel und dunkle Gewitterwolken
Seite 88	Das Auge des Menschen
Seite 89	Netzhaut mit Adern und Sehnerv
Seite 93	Mitmach-Station im Universum: „Optische Täuschungen"
Seite 98	Flüstern, sprechen, sich ausdrücken
Seite 100	Inszenierung im Universum: „Zeitstelen"

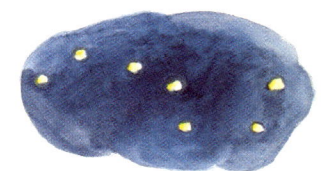

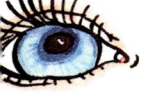

Expedition KOSMOS

Seite 106	Galaxien
Seite 108	Wellen breiten sich aus
Seite 115	Eine Sternschnuppe
Seite 117	Protuberanzen am Sonnenrand
Seite 119	Polarlichter am Nachthimmel
Seite 123	Regenbogen im Gebirge
Seite 124	Mitmach-Station im Universum: „Seifenblasen"
Seite 129	Serpentinen im Hochgebirge
Seite 130	Mitmach-Station im Universum: „Drehtisch"
Seite 131	Ein Kettenkarussell sorgt für Spaß an der Fliehkraft
Seite 134	Mitmach-Station im Universum: „Fest, flüssig, gasförmig"
Seite 135	Legosteine
Seite 136	Wassertropfen
Seite 137	Querschnitt einer Wassermelone

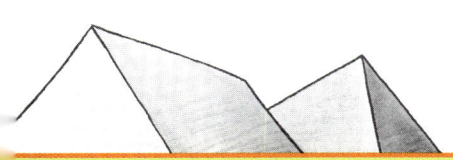

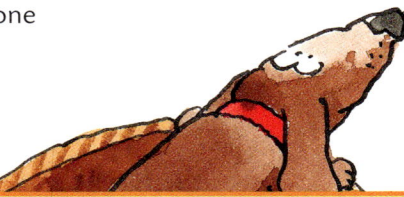

Reisefotos

Bildnachweis

Universum® Science Center:
14, 19, 22, 25, 26, 30, 43, 46, 47, 49, 64, 73, 80, 84 re., 93, 100, 124, 130, 134, 135

© 2004 JUPITERIMAGES und ihre Lizenzgeber:
74, 84 li., 86, 88, 98, 106, 108, 123, 129, 136, 137

© Digital Vision:
23, 29, 32

© 1999 PhotoDisc:
115, 117, 119

© MARUM, Universität Bremen:
40, 42

© 1998 PhotoAlto:
50, 51

Stiftung Fledermausschutz in der Schweiz – www.fledermausschutz.ch:
75

Frank Pusch:
131

© Dr. H. Jastrow, medizinisches Lehrmaterial
89

Nicht in allen Fällen konnten die Bildquellen ermittelt werden. Für Hinweise ist der Verlag dankbar.